主　编　周文劲　乐素娜
副主编　沈国琴
编　委　（按姓名笔画排序）
　　　　王慧英　乐素娜　李　靓　周文劲　高　虹

画说中国茶

——茶史·茶趣

中国茶叶博物馆 编著

母隽楠 绘画

中国农业出版社

目 录

神奇的水晶肚

　　太古时候，我们的祖先神农氏部落发明了原始农业，部落民众在采集各种植物过程中逐渐掌握了医学知识。

　　那时，部落首领神农带领大家经常走很远很远的路到深山野岭中去采集草药和食物，并亲口尝试以体会、鉴别各种草药的药性。

　　传说，神农生下来就有个像水晶一样透明的肚子，五脏六腑全都能看得一清二楚。因

此他尝百草的时候，能看见植物在肚子里的变化，以此来判断哪些食物能吃，哪些不能吃。有一天，神农吃到了一种开白色小花的树叶，吃下去以后，开始觉得嘴里有些苦，但奇妙的是，后来竟有些甘甜，而且肚子里有毒的食物也被这种树叶的汁液清除干净了，于是他将这种树木称作"茶"。从此，每当他尝百草中毒时，便将随身带着的茶树叶吃下去解毒。以后，神农将这种茶树叶介绍给其他人，把人们一次又一次地从病毒灾害中解救出来。

神农的舌头只能尝出味道，无法看清草药对人身体的影响，有了水晶肚和茶叶的帮忙，确实方便和安全了许多。但有一次当他把一种开着黄色小花的小草放在嘴里慢慢咀嚼的时候感到肚子里非常难受，接着，他看见自己肚子里的肠子像出轨的火车一样一节一节地断开。原来他是中了断肠草的毒。可惜他还没来得及用茶叶解毒，毒性剧烈的"断肠草"便夺走了神农的生命。

知识链接

为什么中国人经常称自己为炎黄子孙？

炎黄，指的是华夏民族的两位祖先炎帝和黄帝。神农其实就是炎帝的别称。炎帝，姓姜，生活在公元前3000年左右。传说他遍尝百草，发现药材，教会人们医治疾病，同时他还发明了农具，教人们种田、用火。因此神农被后世奉为农业与中医药之祖，被尊称为神农氏（"氏"的原始意义是神）。

第一个种茶树的人

你知道谁是第一个种茶树的人吗？

根据记载，有个叫吴理真的人是世界上最早种茶树的人，他曾在四川的蒙山上清峰亲手种下了七株茶树。

据说，吴理真家境贫寒，父亲去世很早，母亲积劳成疾，从小他就非常懂事，每天都要帮助妈妈割草、拾柴，养家糊口。

有一天，吴理真拾好柴后，累得口干舌燥，于是他顺手揪了一把野生茶树叶放在嘴里慢慢咀嚼，吃完后渐渐觉得口不渴了，疲倦的感觉也消失了……顿时觉得这个野生茶叶非常神奇。于是，他又从树上摘了一些茶叶带回家中用开水冲泡，让生病的妈妈喝下。结果妈妈喝了几天后病情竟然好转，身体康复了。

　　从那以后，遇到谁家有人病了，吴理真都会泡茶叶水给他们喝。可惜野生茶树并不多，远远不能满足治病救人的需要。吴理真开始下决心自己来种植茶树。

　　为了采摘茶种籽，吴理真跑遍了蒙山，把野生茶籽捡回家；为了选择播种茶籽的地方，他翻越蒙顶的山山岭岭，对野生茶树的生长环境进行了认真分析研究，认定蒙顶五峰之间雨量充沛，土质肥厚，云遮雾绕，所以最适宜茶树生长。为了种茶，吴理真在荒山野岭上搭棚造屋，掘井取水，开垦荒地，播种茶籽，管理茶园，投入了自己的全部心血。

　　功夫不负有心人。吴理真用勤劳和智慧浇灌出了株株嫩绿、苗壮的茶树，成功种植了茶树，开辟了成片的茶园。从此以后，他的父老乡亲们再也不愁没有茶喝了。他把亲手种的茶叶熬成汤，给乡邻百姓们喝，给许多人祛疾除病，使不少人由此身体强健起来。

知识链接：

　　吴理真：西汉时期严道人，号甘露道人，生活在约公元前 200 至公元前 53 年间，被认为是中国以至世界有明确文字记载的最早的种茶人，也被后人尊称为"茶祖"。

茶曾经是煮着吃的

　　远古的时候，我们的祖先燧人氏发明了取火的方法。有了火以后，食物从生吞活剥着吃发展到煮熟了吃。茶叶也从生嚼着吃发展为煮着饮用，可以说这是茶叶最早的饮用方法。

　　根据古书《广雅》的记载，当时，湖北、四川一带的人们还把成熟的茶叶加工成饼状，等到要喝时，先将茶饼在火上炙烤，然后敲碎、碾成末，再后放到锅里煮，或放在瓷罐里用沸水冲泡，同时还要添加葱、姜、橘皮等一些调味作料。喝的时候，是把茶叶和调味料连汤一起吃下。这种吃法类似我们现在喝的蔬菜汤。

到了唐代，饼茶制作仍然非常普遍，只是加工方法更精细，煮饮的方法也更加讲究。

唐代的煮茶又叫煎茶。煮茶之前，一般要做一些准备。如先把饼茶放在火上烤一会儿；接着，放入茶碾中碾成茶末；再用筛子筛选出精细的茶叶末；最后，将茶叶末放在纸袋中备用。

唐代茶圣陆羽《茶经》有记载，煮茶的水温非常关键，根据水沸腾的不同程度，称为"三沸"。煮茶的时候，要准备好炉子和锅，锅中放入适量的水。等烧到锅里的水泡像一颗颗鱼眼，也就是"一沸"时，按照锅内的水量放入适量的盐；等到锅里的水像一串串珍珠往上涌，也就是"二沸"时，用勺子舀出一勺水备用，然后在锅里加入之前碾碎了的茶叶末；等到水完全沸腾，也就是"三沸"时，把先前舀出备用的水倒入锅里，使水不再沸腾，这叫"止沸育华"。这时茶就算煮好了。可准备好茶碗，把煮好的茶汤用勺子分入茶碗，分茶时要注意分得均匀。然后，可以慢慢饮用了。

唐代以后，煮茶法逐渐不再流行，只有西南部分少数民族地区还保留着以盐、酪、椒、姜与茶同煮的习俗。

趣味茶联：

上联：煮沸三江水
下联：同饮五岳茶

《僮约》中的茶故事

　　汉代著名文学家王褒少年时代起就擅长写诗，也有较高的音乐才能，他比较有名的诗赋作品有《甘泉》、《洞箫》等，《僮约》则是王褒作品中最有特色的文章，记述了他在四川时的亲身经历。

　　在《僮约》中有"武阳买茶"和"烹茶尽具"的记载，其中的"茶"字指的都是茶。

　　"武阳买茶"，说的是王褒让家奴去四川彭山这个地方买茶的事。武阳是今天的四川彭山地区，彭山是当时茶叶产区和茶叶交易市场。这个记载充分证明当时茶叶已经成为商品，在市集上可以自由买卖，而且茶叶也已经进入文人士大夫的日常生活，这是我国也是全世界最早的关于买卖茶的记载。

"烹茶尽具"，说的是家奴要烹煮茶并将用过的茶具清洗干净这件事。这里的"烹茶"就是烹煮茶的意思，"尽"是个通假字，通"净"。"尽具"，就是把茶具洗干净。这个记载说明了像王褒等许多文人士大夫的家庭里已置备了饮茶专用的器具，饮用方式以烹煮为主。

《僮约》所描述的当时奴仆们的劳动生活，是研究汉代四川社会情况的重要文章，可以使人从中了解到西汉社会生活的一个侧面。

谜底：茶几

益智茶谜：

谜面：人间草木知多少。（答案在本页内找）

以茶代酒

　　茶和酒都是历史悠久的传统饮品，但茶与酒却有截然不同的品格特征。酒喝多了容易使人神志不清，喝茶则能让人清醒，所以现在很多人用茶来代替酒。

　　早在晋朝陈寿写的《三国志·韦曜传》中就记载着一个"以茶代酒"的故事。三国时期，东吴的最后一个皇帝名叫孙皓，他刚即位的时候，是个勤政爱民的好皇帝，但后来变

得专横残暴、贪图享乐，从而民心尽失。孙皓非常喜欢喝酒，经常在宫廷里面摆酒设宴。而且每次设酒宴，都要强迫大臣们陪他一起喝，规定每个人至少要喝 7 升酒（按照现在的度量衡 1 升酒为 1 千克），不管会不会喝，能不能喝，7 升酒必须见底。大臣们因为非

常畏惧他，所以在酒宴上都拼命喝酒。因而每次酒宴之后，都是一片狼藉，群臣七倒八歪，醉卧地上，丑态百出。

大臣韦曜，酒量只有两升，但他是孙皓的父亲南阳王孙和的老师，非常博学多闻而深受孙皓的器重。因此，孙皓对韦曜特别优待，知道韦曜不胜酒力，就命人暗中赐给韦曜茶来代替酒。韦曜也心领神会，故意高举酒杯，"以茶代酒"干杯，这样不至于醉酒而失态。

韦曜为人耿直磊落，他可以在酒宴上玩"偷梁换柱"、"暗渡陈仓"的把戏，但一旦事关国家大事，则一是一，二是二，实事求是。于是当他在奉命记录关于孙皓之父南阳王孙和的事迹时，因秉笔直书了一些皇家见不得人的事，再加上韦曜平日里经常规劝孙皓不要饮酒而误国，触怒了孙皓，最后竟然被处死。

虽然如此，"以茶代酒"的故事直到今天仍被人们广为传说。

益智茶谜：

> 谜面：一人能挑二方土，三口之家乐融融。
>
> 夕阳下时寻一口，此人还在草木中。（答案在本页内找）

王濛的“水厄”

自古以来以茶会友都被认为是件风雅之事。但在东晋时期，士大夫王濛却因常在家中用茶来招待客人而被同僚嘲笑。这是怎么回事呢？

王濛的出身高贵，他是当时门阀贵族太原王氏家族里的人。唐代诗人刘禹锡的《乌衣巷》中曾有“旧时王谢堂前燕，飞入寻常百姓家”的诗句，诗中的“王谢”指的就是“太原王氏”和“陈郡谢氏”，说明当时王氏与谢氏家族的显赫。

但是，王濛小的时候却是个顽皮捣蛋的孩子，他经常惹是生非，因此他家附近的邻居们都不喜欢他。等到长大懂事以后，王濛开始慢慢改掉了以前的坏习惯，变得勤奋努力起来，在书法、绘画等方面尤其出色。他与同时期的刘惔、桓温、谢尚并称为“四名士”，被誉为“永和名士的冠冕”。

在晋穆帝永和年间，王濛被封为晋阳侯，并做到司徒左长史这样的高官，家中经常是宾客满座。王濛特别喜欢喝茶，每当家中有客人来，他也一定会拿出家中的好茶与宾客们一起品饮。

在唐代之前，饮茶的方式大多是烹煮法，就是要将水烧开，放入碾碎的茶末，饮用时需要先过滤茶渣然后出茶汤，这样的饮茶过程并不像现在泡着喝茶这么简单。而王濛不厌其烦地用茶来招待客人，充分说明他的热情好客。遗憾的是，当时的饮茶风习还不盛行，真正懂茶、爱茶的人还很少，因此王濛以茶待客反而被同僚们嘲笑为"水厄"。

茶有许多别名，大多是褒义词。比如，茶圣陆羽的《茶经》开篇第一句就是"茶者，南方之嘉木也"。另外，茶还被称为"佳人"、"叶嘉"、"瑞草"等等，而"水厄"则是茶为数不多的贬语之一，王濛的"水厄"也成了茶文化史上的一段趣闻。

知识链接：

门阀：是门第和阀阅的合称，指世代为官的名门望族，又称门第、衣冠、世族、士族、势族、世家、巨室等。门阀制度是中国古代从两汉到隋唐选拔官员的主要制度，其特点是看门第不看能力。唐代以后，门阀制度逐渐被科举制度取代。

卖茶水的神仙老婆婆

在茶圣陆羽的《茶经》中记述了《广陵耆老传》中的一个卖茶水老婆婆的神话故事。

在距今 1700 多年前的东晋元帝年间，广陵（即今天扬州）城里每天清早都能看见一位老婆婆独自提着一壶茶到市集上去叫卖。老婆婆的茶不仅解渴、提神，而且茶香四溢，喝过的人都说她的茶特别好喝。口口相传之后，老婆婆的香茶名气越来越大，市集上的人们都争先恐后地买她的茶喝。于是，老婆婆从早到晚一刻不停地卖茶。奇怪的是，不管老

谜底：茶

婆婆卖出去多少茶，她那个壶里的茶水一点都不会减少。

老婆婆把卖茶所得的钱全部分发给孤苦贫穷的人，因此穷人们都很感激她。后来，这个事情被当地的衙门知道了，他们觉得老婆婆举止怪异，把她关进了大牢。老婆婆虽然被投入了监狱，但没有丝毫惧怕，依然是一副泰然自若的样子。

就在老婆婆被投入监狱的当天晚上，老婆婆竟然松开了绑在自己身上的绳索，从容地整理好茶具，然后从监狱的窗户飞了出去。后人尊称这位卖茶水的老婆婆为喝茶得道的神仙！

益智茶谜：

谜面：生在青山叶儿蓬，落在湖中水染红。
人家请客先请我，我又不在酒席中。（答案在本页内找）

诸葛亮西南兴茶

　　在魏、蜀、吴三国鼎立时期，蜀汉地区的后主刘禅建兴三年（公元 225 年）的春天，南中（三国时期，南中属于蜀汉政权的一部分，今位于云南、贵州和四川西南部）地区发生大规模叛乱。

　　为了平息叛乱，蜀国丞相诸葛亮亲自率领大军前去征讨。一路上，虽然路途遥远、艰难险阻，但由于诸葛亮善于带兵打仗，再加上对所在地区的人民秋毫无犯，因而深得将士们和当地百姓的爱戴。

　　在蜀国大军沿云南哀牢山往南行进的路上，士兵们路过当地的桃花江畔桃叶渡口时，由于江面上毒雾弥漫、瘴气密布，蜀国士兵纷纷中毒晕倒。正在危急关头，当地老百姓因为感念诸葛亮的恩德，为将士们送来了当地茶叶熬煮的汤水来解毒，并让将士们把茶叶含在口中祛除毒气，将士们喝了茶汤后，感觉神清气爽，于是顺利渡过了桃花江。

诸葛亮看到茶叶的功效如此神奇，就下令士兵们采购了很多茶籽。随着大军南下，南中地区终于得以平定。诸葛亮便深入后方，开始号召军民大力发展茶叶生产，并将中原地区发达的农耕技术应用到茶树栽培上，促进了西南各地茶叶种植面积的扩大和茶树品质的提升。不仅如此，诸葛亮还身先士卒，亲自指导种茶，大大推动了南中地区生产力的发展，为改善当地人民的生活水平做出了很大贡献，诸葛亮也因此得到边疆各族人民的崇敬和爱戴，被当地百姓尊奉为"茶祖"。

虽然古往今来，历史变迁，但诸葛亮鼓励少数民族人民开垦山地种植茶树的故事至今依然广为颂扬。每年农历六月十九日，云南思茅一带的茶庄茶号都会举行隆重的祭茶祖仪式，以纪念诸葛亮在西南地区倡导种茶的不朽功绩。

知识链接：

茶树的原产地是哪里？

茶树原产于中国，原产地的中心是中国的西南地区。在云南哀牢山发现的野生型大茶树已有 2700 多年的历史，是迄今发现的最古老的的野生型茶树。也就是说，早在孔子编写《春秋》的时候，它就已经是一棵百年老树了。

以茶待客

两晋、南北朝时期社会风气奢靡，但一些贤士身体力行来抵制这种社会风气，当时的名士陆纳就是一位以节俭清廉著称的人。

晋《中兴书》中记载了一则陆纳以茶待客的故事。一天，陆纳跟他的侄子陆俶说，有个叫谢安的将军要来家中拜访。谢安可是一位了不起的人物，在中国历史上著名的以少胜多、以弱胜强的淝水之战中，他率东晋8万士兵一举打败了前秦80多万大军。这场战争有效地遏制了北方少数民族的南下侵扰，为江南地区社会经济的恢复和发展创造了有利条件。

对贵客登门造访，陆纳似乎不太在意，也没做准备。陆俶心里暗暗奇怪：谢安这么个大人物来拜访，叔叔怎么不做一点儿准备呢？于是，他私下吩咐家中的厨工准备了一大桌美味佳肴。

谢安如期到访，陆纳仅以茶和果品招待客人。陆俶见状，急忙命家仆将预先准备好的

美味佳肴摆了一大桌，款待谢安及随从人员。

谢安走后，陆纳将陆俶叫到跟前。陆俶本以为叔叔会好好地夸奖他，没想到的是，陆纳疾言厉色地对他说："你这么做不仅不能光耀我们家的门庭，反而玷污了我多年清廉的操行和名声，我要惩罚你。"说完，让家人打了陆俶 40 大板，以示惩戒。

陆纳为官期间，始终坚持以茶待客，以表自己清逸绝俗的志向和节操，这个"以茶待客"的故事也成为茶文化史上的一段佳话。

知识链接：

陆纳：字祖言，出身于东晋的世家大族。陆纳为人讲究气节，曾任吴兴太守，累迁尚书令；有"恪勤贞固，始终勿渝"的口碑，是一个以俭德著称的人。

以茶祭祀

　　用茶作为祭拜祖先的祭品，这个传统很早就有了。在距今1500多年的南北朝时期，当时南朝梁朝的王室子弟萧子显撰写了《南齐书》。书中对于以茶祭祀有这样的记载：

南齐武帝在他留下的遗诏中说，"我灵上慎勿以牲为祭，唯设饼果、茶饮、干饭、酒脯而已。"意思就是说，我去世以后，在祭祀我的时候，千万不要用牲畜，只要供上些糕饼、水果、茶、饭、酒和果脯就可以了。这位齐武帝萧赜生前十分关心百姓疾苦，他以富国为先，不喜欢游宴、奢靡之事，提倡节俭，死后也不忘倡导以茶养廉。

茶自此登上大雅之堂，被奉为祭品，可见人们对茶的精神与品格在很早之前就有了认识。

此后的历朝历代都喜欢将茶作为祭品来纪念自己的祖先。但是祭奠方式有所区别，比如有些以茶水作为祭品，有些则用干茶作为祭品，还有些就直接把茶壶、茶盅象征茶叶当做祭品。

可以说，上至王公贵族，下至黎民百姓，在祭祀中都离不开清香芬芳的茶叶。直到现在，在我们国家的很多地区，都保留着以茶祭祀祖宗神灵的古老风俗。

知识链接：

祭祀：祭祀是中华儒教礼仪中重要的部分之一。祭祀对象分为三类：天神、地祇、人鬼。天神称祀，地祇称祭，宗庙称享。祭祀有严格的等级界限。天神、地祇只能由皇帝来祭祀；诸侯大夫可以祭祀山川；士庶人则只能祭祀自己的祖先和灶神。清明节、端午节、重阳节等节日的祭祖活动也是中国人宣告自己为炎黄子孙最直接的方式。

卢仝的"七碗茶歌"

唐代诗人卢仝有两大爱好，一是喜好结交朋友，如他与文学家韩愈、诗人张籍、贾岛和孟郊都是很好的朋友；另外一个爱好就是喝茶，人称他"茶痴"、"茶仙"。

一天，好朋友孟谏议给他寄来了新茶，卢仝品后非常高兴，马上写了一首《走笔谢孟谏议寄新茶》以表感谢。

《走笔谢孟谏议寄新茶》一诗中的"七碗茶歌"，最为脍炙人口：

一碗喉吻润，二碗破孤闷。

三碗搜枯肠，唯有文字五千卷。

四碗发轻汗，平生不平事，尽向毛孔散。

五碗肌骨轻，六碗通仙灵。

七碗吃不得也，唯觉两腋习习清风生。

这首茶歌是全诗的精彩之笔，给人无限的遐想。喝第一碗茶时，觉得喉口滋润；喝第二碗时，觉得原先孤独烦闷的心情完全没有了；喝第三碗碗时，一番搜肠刮肚之后，却见才思横流，五千卷文字源源而来。一般人喝茶，连喝三碗也已差不多，但卢仝兴致正浓，哪能就此罢休！等到喝第四碗时，此时身体微微发汗，觉得不公平的事情，一笑置之，这是何等的酣畅！喝第五碗时，觉得身轻如燕；喝第六碗时，觉得自己似与仙灵相通。在这绝妙之处，又平添一碗，这一碗确实"吃不得也"，两腋习习生风、凡身飘飘欲仙。七碗

茶歌可谓写得跌宕起伏，也诗也文，妙趣横生，达到出神入化之境地。

卢仝一生爱茶成癖，他的一曲"七碗茶歌"，自唐以来，历经宋、元、明、清各代至今，传唱千年不衰，几乎成了人们吟唱茶的经典。卢仝之后的诗人骚客饮茶煮茗，每每与卢仝相比，这正是"何须魏帝一丸药，且尽卢仝七碗茶"。

知识链接:

卢仝：唐代诗人，"初唐四杰"之一卢照邻的嫡系子孙。自号玉川子。他刻苦读书，博览经史，工诗精文，不愿做官。著《玉川子诗集》一卷，《全唐诗》收录其诗80余首。

文成公主与茶

据史料记载，唐贞观十五年（公元 641 年），唐太宗李世民将皇室的文成公主嫁给了吐蕃（今西藏）的赞普松赞干布。这一年的正月十五，由官员、军人、医生、工匠、商人组成的送嫁队伍从京城长安浩浩荡荡地启程了。公主带了丰厚的嫁妆，除绸缎、蜀锦、香米、陶瓷、书籍、黄金、白银等奇珍异宝外，还携带了大量被压成饼状的饼茶。

送嫁队伍进入川藏之后，随着海拔的不断升高，大家的高原反应逐渐强烈起来，许多人感到头晕目眩、四肢无力、恶心呕吐，队伍出现了前所未有的困顿与疲累。这时，文成公主听从了藏人的建议，命人将茶饼煮成茶汤，让大家来喝。喝完茶汤以后，大家顿时觉着神清气爽，此前种种不适一扫而光。就这样，送嫁队伍继续前行，经过整整三年的旅途辛劳，终于来到了目的地吐蕃。

由于藏族地处高寒地区，需要摄入大量高脂肪高热量，但是人们平常饮食中缺少蔬菜，所吃的大多是糌粑、奶类、酥油、牛羊肉等高热量的食物，而茶中富含维生素、茶碱、单宁酸，具有清热、润燥、解毒等功能，正好弥补藏族饮食中的不足。因此，藏民们养成了每天喝茶的生活习惯。但是，藏区不产茶，而中原地区由于战争频发，对于战马的需求量很大。

可是中原广大农业地区不出产马匹，于是，西北、西南地区的马匹与中原地区的茶叶相互交换的商贸活动盛极一时，这就是中国历史上历经唐、宋、明、清1000多年的"茶马交易"。

知识链接：

赞普：吐蕃王号。赞是雄强的意思，普指男子。在政治制度上，松赞干布仿唐朝的官制，赞普是当时吐蕃最高统治者。

茶僧——皎然

皎然是唐代著名诗人，他在年轻时就开始信仰佛教，随后在杭州灵隐寺受戒出家，后来又移居到了湖州的妙喜寺，最后终老于此。

皎然的学识非常广博，不仅精通佛教经典，而且熟读经史诸子百家经典，写的文章词句清丽，尤其以诗写得最好。皎然一生淡泊名利，坦率豁达，不喜欢送往迎来的俗套，品茶是皎然生活中不可或缺的一种嗜好。

皎然移居妙喜寺时，有缘与茶圣陆羽结识。皎然素来十分仰慕陆羽的为人，爱好又十分相近，两人有幸相识，自然谈得十分投缘，颇有相见恨晚的感觉。

当时皎然已四十多岁，是妙喜寺的住持，是他安排陆羽居住在寺内，让陆羽安下心来潜心茶事，陆羽也结束了动荡不安的生活。他们俩人都非常关心当地的茶叶生产和茶事活动，倡导品茶不应只注重其外在的排场，而注重茶本身的好喝与否。

皎然是陆羽一生中交往时间最长、情谊亦最深厚的良师益友，他们在湖州所倡导的崇尚节俭的品茗习俗对唐代后期茶文化的影响巨大，更对后代茶艺、茶文学及茶文化的发展有重大的贡献。

知识链接：

皎然：俗姓谢，字清昼，浙江湖州人，是南朝山水写实诗人谢灵运的十世孙。皎然一生著作颇丰，有《杼山集》十卷、《诗式》五卷、《诗评》三卷及《儒释交游传》、《内典类聚》、《号呶子》等著作并传于世。

写茶书的皇帝

　　在中国历朝历代的帝王中，喜欢喝茶的很多，但是喝茶喝到高水平，亲笔撰写茶书的只有一位，那就是宋徽宗赵佶。赵佶是北宋

的第八位皇帝，嗜茶成癖，常在宫廷以茶宴请群臣，还常亲自动手烹茗、斗茶赏玩。

公元1107年的一天，这位爱茶的皇帝突发奇想：要写一本书，把丰富的识茶、点茶、饮茶经验好好总结整理一下，流传后世。他把他的想法告诉了大臣们，但是很多大臣都不以为然，认为皇帝只是随便说说的。可是赵佶说干就干，开始全身心地投入到了茶书的写作中，还边写边考证，边写边推敲，经过几番努力终于完成了《大观茶论》一书。此书一出，大臣争相传阅，并对皇帝刮目相看。此书共分20篇，用不到3000字的篇幅，对北宋时期蒸青团茶的产地、采制、烹试、品质、斗茶风俗等进行了详细记述，文字简洁优美，特别是其中的"点茶"一篇，论述得十分深刻精彩，不仅为当时人们饮茶提供了很好的指导，也为今天人们研究宋代的茶文化、复原宋代团饼茶工艺留下了珍贵的文献资料。

不仅是茶书，这位爱茶的皇帝还留下了一幅著名的茶画——《文会图》，图中作者用画笔形象再现了当时文人雅士齐聚一堂，在庭院里听琴、吟诗、品茶的场景。

一位皇帝对茶道钻研如此之精细，足可知其对茶的喜爱。可惜宋徽宗虽有高深的文学艺术造诣，但没有治国用人的才能，以致他所治理的国家终究丧失了防御，甚至连他自己也被金国掳去，留下了历史上著名的"靖康之耻"，而贻笑后世。

知识链接：

点茶：宋代时，人们喝茶的方式与现在大不相同。当时的茶叶大多加工成团饼状，喝的时候，从茶饼上瓣下一块，用碾子、石磨等工具碾成细细的茶粉，然后投入茶碗中，先加一点水，把茶粉调成膏状。然后再分多次加入沸水，同时用一个竹筅击拂茶汤，使茶汤的表面产生白色的泡沫，然后拿来饮用。人们把这种饮茶的方法叫做"点茶"。

蔡襄与茶

　　蔡襄是宋代著名的书法家和文学家，"宋四家"之一。在茶业发展史上，蔡襄主要有两大贡献，一是创制了"小龙凤团茶"，二是撰写了《茶录》。

　　蔡襄撰写的《茶录》虽然只有千余字，内容却非常丰富。全文分为两篇，上篇中对茶的色、香、味和藏茶、炙茶、碾茶、罗茶、候汤和点茶做了论述；下篇中对茶焙、茶笼、砧椎、茶碾、茶罗、茶盏、茶匙和汤瓶进行了详实说明。

　　宋代盛行的龙凤团茶，有"始于丁谓，成于蔡襄"的说法。制小龙凤团茶是蔡襄的一大创举。

　　北宋仁宗庆历年间，蔡襄在福建担任转运使，主管地方的运输事务。当时皇帝、王公贵族对上好的团饼茶十分热衷，蔡襄革新茶饼制作技术，终于制作成功了1斤20饼的小龙凤团茶。他所上贡的小龙团茶被朝廷视为珍品，连当时的仁宗皇帝都十分喜爱。

　　蔡襄还喜爱斗茶。

　　作为书法家的蔡襄，每次挥毫作书必以茶为伴。一天，欧阳修要把自己的书《集古录目序》做成石刻，因此就去请蔡襄书写。欧阳修知道蔡襄是个茶痴，就用龙凤团茶和惠山泉水作为润笔费，蔡襄收到后顿时欣喜不已，说道："太清而不俗。"

　　蔡襄年老时，因为生病不能再喝茶，但仍然用点茶来消磨时间。病中万事皆忘，惟有茶不能忘。

知识链接：

　　宋四家：即宋代苏轼、黄庭坚、米芾、蔡襄的合称，他们被后世认为是最能代表宋代书法成就的书法家。

苏东坡的茶缘

　　宋代著名的大文豪苏东坡爱茶，视茶为生活中不可或缺的好朋友。

　　苏东坡一生颠沛流离，足迹遍及祖国各地，从峨眉之巅到钱塘之滨，从北京燕山沿线（当时宋辽边境）到岭南、海南一带，品尝过各地的名茶。

　　在杭州当太守时，有一天，朝廷内使前来宣读圣旨，内使临走之前，苏东坡在望湖楼上为他饯行。宴饮结束后，内使却磨磨蹭蹭地不肯动身，对前来送行的其他官员说："我不急着走，你们可以先回去。"等大家都走后，内使对苏轼说："我出京时，吩咐我密赐给你一件东西，不准让任何人知道。"内使说完，把宋哲宗赐给苏轼的东西取出。苏轼打开一看，原来是一袋贡茶，封口还有宋哲宗亲笔所书的封条。

　　苏东坡喝茶、爱茶，还深知茶的功用。一日，苏东坡感到身体不舒服，便独自一人

游览西湖南北两山的净慈、南屏、惠昭、小昭庆等寺院。当晚又到孤山去拜见了惠勤禅师。这天，他在寺院里先后喝了七次茶，感觉身轻体爽，病也不治而愈。

苏东坡酷爱饮茶，并与佛家结下了深厚的茶缘，常与佛僧品茗吟诗。有一次，苏东坡叫他的仆人头戴草帽、脚穿木屐到灵隐寺老僧那里去借东西，他并不告诉仆人要借什么。仆人去老僧那里也不说要借什么。老僧却看出了苏轼的玄机，便送一包茶叶给他。原来，草头、人、木三字组合正是一个"茶"字。

知识链接：

苏东坡：名轼，字子瞻，号东坡居士，眉州眉山（今属四川）人，北宋文学家、书画家。他在文学艺术方面堪称全才，为唐宋八大家之一。

唐伯虎与茶谜

明朝时，苏州一带江南四大才子赫赫有名，唐伯虎和祝允明是其中的两位。

一天，祝允明去老朋友唐伯虎家做客，一进屋祝允明就被邀请去品茶猜谜。唐伯虎立下赌约说，如果祝允明能猜出来，他就拿出家中珍藏的佳茗招待祝允明，如若猜不出，就不能喝他的私家珍藏好茶。

祝允明马上应允。话音刚落，唐伯虎便摇头晃脑地吟出谜面："言对青山说不清，二人土上说分明。三人骑牛牛无角，一人藏在草木中。"祝允明略一沉思，得意地敲了敲茶几说："倒茶来！"唐伯虎听后立刻将他请到太师椅上就坐，并示意童仆沏好新上市的上好茶叶奉上。

祝允明猜对了。你知道这个故事的谜底了吗？

　　谜面中的第一句与谜底相关的是"言对青"；第二句与谜底相关的是"二人土上"；第三、第四句都与谜底相关。其实，这个故事的谜目是要求祝允明猜出四字礼貌用语。谜底为"请坐，奉茶"。

　　唐伯虎和祝允明这两位明代苏州风流文人，我们大多很熟悉。虽然我们知道祝允明帮助唐伯虎点秋香的故事，但是知道他们之间猜茶谜的一定不多。

知识链接：

　　唐伯虎：名寅，字伯虎，号六如居士、桃花庵主、鲁国唐生、逃禅仙吏等，据传于明宪宗成化六年庚寅年寅月寅日寅时生，故名唐寅。吴县（今江苏苏州）人。他玩世不恭而又才华横溢，诗文擅名，与祝允明、文征明、徐祯卿并称"江南四才子"，画名更著，与沈周、文征明、仇英并称"吴门四家"。

朱权品茗

　　朱权是明太祖朱元璋的第十七个儿子，因为自幼聪明过人，深得父亲宠爱。人称其"神姿秀朗，慧心敏语"，表明朱权不仅外表英俊，而且思维敏捷、口才出众。也因此而遭到他哥哥明成祖朱棣的猜疑。所以，朱权长期隐居在南方，他隐藏起自己的光芒和才华，以茶来表明自己的志向和内心想法。

　　朱权写过一本《茶谱》。他在书中明确表示他饮茶并非只为品茶，而是将其作为一种表达志向和修身养性的方式。用他在《茶谱》中的话来说："我常常抬头望着苍天，对老天爷诉说心中的志向，然而在现实生活中，我也只是汲取清澈的泉水来烹煮试茶，其实并不是我真正醉心于煮泉试水，而是我以此来修身养性，陶冶情操，表明志向。"

　　朱权对废除团茶后新的品饮方式进行了有益的探索，改革了传统的品饮方式和茶具，

提倡饮茶方式要方便、简单，主张保持茶叶
的本色、真味，顺应茶本身的自然之性。

　　朱权还构想了一些行茶的仪式，如设案
焚香，既净化空气，也净化精神，寄寓通灵
天地之意味，也为后世简便新颖的饮茶法打
下了坚实的基础。

知识链接：

　　朱权：明代戏曲理论家、剧作家、琴学大师。晚年信奉道教，潜心茶道，
著《茶谱》。古琴"飞瀑连珠"为明代四王琴之首，为其亲制。1977年美国
向太空发射的寻找外星人的太空舱就选有用中国古琴曲《流水》制成的金唱片，
演奏用琴便是这张"飞瀑连珠"。

徐文长画扇求佳茗

明代著名才子徐文长酷爱饮茶，也非常精通茶道。

徐文长写的《煎茶七类》一文，是我国茶道专文的精华之作，其《煎茶七类》的手稿更是艺、文合璧，成为研究茶文化和书法艺术的珍贵资料。

晚年的徐文长生活贫困潦倒，以卖书画度日。他有一个名叫钟无毓的忘年之交。钟无毓的父亲曾经做过地方官，家境富裕，他十分仰慕徐文长的才华和品格。

一天，钟无毓来徐文长家中拜访，两人突发兴致，玩起了押注的游戏，因徐文长喜欢茶，所以就以画10多幅扇面为注以获取钟公子的后山茶1斤，并立下字据。后山茶为当时名茶，产在浙江绍兴上虞县后山。

　　钟无毵送给徐文长 1 斤后山茶，徐文长也要画 10 多面扇子给钟无毵。钟无毵将后山茶赠与了徐文长，就等着他画好的扇子。可当时徐文长年事已高，连续画了数面扇子后腰酸腿疼，不堪重负。只好向钟无毵求饶："请把你的茶契烧了，免了我的画扇债吧。"后来，这段徐文长画扇求佳茗的故事在当地一时传为一段风雅的佳话，足见徐文长对好茶的渴求。

知识链接：

　　徐渭：字文长，别号青藤。中年学画，却让后辈画家钦佩之极，被称为中国的梵高。郑板桥亲刻"青藤门下牛马走"一方印章，表达对他五体投地的钦佩。齐白石则说"恨不生 300 年前，为青藤磨墨理纸"，更是对他推崇备至。

瓦壶天水菊花茶

　　清代著名书画家郑板桥也是一位爱茶之人。他曾经当过 12 年的七品官，为人清廉刚正，对下层民众有十分深厚的感情，对民情风俗也有浓厚的兴趣。郑板桥的诗文和书画中，

不仅表达了清新的内容也有着别致的格调。茶，则是郑板桥创作的伴侣和灵感的源泉。

一次，他去朋友家做客，看到朋友家墙上挂有一付对联，上写：粗茶淡饭布衣裳，这点福让老夫享受；齐家治国平天下，那些事有儿辈担当。郑板桥十分欣赏朋友对生活泰然处之的态度。于是在和朋友品茶叙旧后，做了这幅"白菜青盐糙米饭，瓦壶天水菊花茶"对联相赠。后来，这幅对联渐渐演化成人们知足常乐、不问俗事的生活理想写照。

郑板桥还很喜欢在喝茶时创作书画，他认为喝茶的境界和书画创作的境界十分契合。清雅和清贫是郑板桥一生的写照，郑板桥曾说："我画的那些兰花、竹木等物件都是画给天下穷苦劳动人民看的，不是让富贵人家欣赏的。"所以郑板桥的诗句联语常爱用方言俚语，连小孩子看了都能理解。而"白菜青盐糙米饭，瓦壶天水菊花茶"的联句正是郑板桥生活态度和人生观的真实写照。

知识链接：

郑板桥：名燮，字克柔，号板桥，"扬州八怪"之一，江苏兴化人，清代著名书画家、文学家。

君不可一日无茶

清代乾隆皇帝弘历，在位当政60年，终年88岁，是在中国古代帝王中最长寿的皇帝。

民间流传着很多关于乾隆皇帝与茶的逸闻趣事，涉及到种茶、饮茶、取水、茶名、茶诗等各方面。

乾隆皇帝六次南巡，曾四度幸临西湖茶区。他在龙井狮子峰胡公庙前饮龙井茶时，赞赏茶叶香清味醇，遂封庙前18棵茶树为"御茶"，并派专人看管，每年采制进贡到宫中。

乾隆十六年（1752年），他第一次南巡到杭州，在天竺观看了茶叶采制的过程，颇有感受，写了《观采茶作歌》。其中有"慢炒细焙有次第，辛苦功夫殊不少"的诗句。作为封建王朝集权于一身的皇帝能在观察中体知茶农的辛苦与制茶的不易，

也算是难能可贵。

乾隆在茶事中，以帝王之尊，首倡在重华宫举行茶宴。对品茶鉴水，乾隆独有所好。他品尝洞庭湖小岛上产的"君山银针"后赞誉不绝，令当地每年进贡18斤（1斤=500克）。他还赐名福建安溪所产茶叶为"铁观音"，从此安溪茶声名大振，至今不衰。

乾隆皇帝决定禅让皇位给皇十五子时（即后来的嘉庆皇帝），一位老臣不无惋惜地劝谏道："国不可一日无君呵！"一生好品茶的乾隆帝却端起御案上的一杯茶，说："君不可一日无茶。"

乾隆晚年退位后仍嗜茶如命，在北海镜清斋（原为清代皇太子的书斋，为静心斋园中的主体建筑，因其前后临水，诗云"临池构屋如临镜"，故称镜清斋）内专设"焙茶坞"，悠闲品尝。他在世88年，其长寿与喝茶不无关系。

知识链接：

乾隆：名爱新觉罗·弘历，庙号高宗（1711—1799），为清朝第六位皇帝，定都北京后的第四位皇帝。年号乾隆，寓意"天道昌隆"。25岁登基，在位60年，退位后当了3年太上皇，实际掌握最高权力长达63年4个月，是中国历史上执政时间最长、年寿最高的皇帝。

爱喝花茶的慈禧太后

慈禧太后不仅是清代晚期的实际统治者，也是历史上有名的"奢侈太后"。关于慈禧太后"奢侈"这一点在饮食方面表现得尤为突出。就拿负责慈禧太后个人饮食的寿膳房来说，这个坐落在颐和园大戏楼东侧的炊事班共由108间房屋组成，占有8个院落，在里面上班的厨师足足有128人。

不仅如此，慈禧太后还非常喜欢喝茶，一般每天至少喝三次茶，上下午各一次，晚上临睡前还必须喝了茶后才安然地上床睡觉。

慈禧太后最爱喝的是花茶，因为她得知，茶有延年益寿之功，花有暖胃之效。

不过，慈禧太后喝的花茶并不是现代意义上窨制的花茶。而是将御花园刚采摘的名贵花卉的鲜花，搀入各地精选的色、香、味、形俱佳的贡茶里。泡茶用的水则是侍者当天从北京玉泉山运来的泉水，泡茶用的茶具也是异常名贵，一般为金茶托、御制盖碗、白玉杯。

每次慈禧太后喝茶时，还有一套颇为讲究的程序。先是两名内侍双手小心翼翼捧着茶盘，恭恭敬敬敬地送到慈禧面前，然后要喊一声："老佛爷品茗了！"

这时，慈禧太后一般会先慵懒地欣赏一下鲜花，然后才慢慢地揭开盖碗的盖子；伸出手，提起金筷子夹上些鲜花、贡茶放入盖碗内；再轻轻加上盖。过了一会儿，慈禧太后再次捧起盖碗，将盖碗内的茶汤倒入白玉杯中。先闻其香，稍后再品茶味。这种饮茶方式，对慈禧太后本人来讲是一种生活享受，只是苦了跪在地上托着茶盘的贴身内侍。

慈禧太后生活的奢靡程度由此可见一斑。

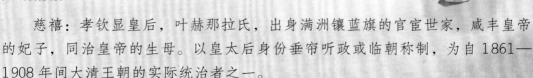

知识链接：

慈禧：孝钦显皇后，叶赫那拉氏，出身满洲镶蓝旗的官宦世家，咸丰皇帝的妃子，同治皇帝的生母。以皇太后身份垂帘听政或临朝称制，为自 1861—1908 年间大清王朝的实际统治者之一。

鲁迅先生喝茶

鲁迅因从小受传统文化的熏陶，使他在艺术、文学方面有很高的修养和造诣。他的外婆家住在农村，因而他有机会与底层的劳动人民经常保持着联系，对民情民俗有很深刻的认识。

鲁迅爱喝茶，在他的日记中和文章中记载了许多关于喝茶的趣事和他对于茶的见解。他经常与朋友到北京的茶楼去交谈。"下午，同季市、诗荃至观音街青云阁啜茗"；"午后同季市至观音街……又共啜茗于青云阁"；"同二弟往观音街食饵，又至青云阁玉壶春饮茗"；"刘半农邀饮于东安市场中兴茶楼"……

鲁迅对喝茶与人生有独特的理解，并且善于借喝茶来剖析社会和人生中的弊病。

在一篇名为《喝茶》的文章中他写

道："有好茶喝，会喝好茶，是一种'清福'。不过要享这'清福'，首先就须有工夫，其次是练习出来的特别的感觉。"后来，鲁迅先生把品茶的"工夫"和"特别感觉"比喻为文人墨客的娇气和精神的脆弱而加以辛辣地嘲讽。

在文章中他这样说："我想，假使是一个使用筋力的工人，在喉干欲裂的时候，那么即使给他龙井芽茶、珠兰窨片，恐怕他喝起来也未必觉得和热水有什么大区别罢。所谓'秋思'，其实也是这样的，骚人墨客，会觉得什么'悲哉秋之为气也'，一方面也就是一种'清福'，但在老农，却只知道每年的此际，就是要割稻而已。"

从鲁迅先生的文章中可见"清福"并非人人可以享受，这是因为每个人的命运是不一样的。表达了鲁迅先生对底层劳动者的深切同情和无病呻吟者的批评。

鲁迅先生的《喝茶》，犹如一把解剖刀，剖析着那些无病呻吟的文人们。当时的历史条件下，鲁迅先生心目中的茶，是一种追求真实自然的"粗茶淡饭"，而决不是斤斤于百般细腻的所谓"工夫"。

知识链接：

　　鲁迅：字豫才，浙江绍兴人，原名周樟寿，后改名周树人，以笔名鲁迅闻名于世。曾入日本学医，后从事文艺创作，希望以此改变国民精神。一生作品包括杂文、短篇小说、诗歌、评论、散文、翻译作品。对五四运动以后的中国文学产生了深刻而广泛的影响。

梁实秋买茶

　　现代著名作家梁实秋先生经常谦虚地称自己既不善品茶，也不通茶经，更不懂茶道。但实际上他是一位真正的爱茶之人。

　　在梁实秋的《喝茶》一文中提到，平时喝茶不是喝香片就是品龙井。多年来梁实秋先生游历祖国大江南北，喝过天下名茶，如君山银针、六安瓜片、云南普洱、武夷岩茶等。那时的他非名茶不饮，非昂贵的茶叶不喝。

　　而真正让梁实秋领悟饮茶真谛的，源于他初到台湾时的一次买茶经历。

　　一天，梁实秋走进一家茶叶店，对老板说要买上好的龙井。老板将衣着朴素的梁实秋上上下下打量了一番，然后取出了8元1斤的茶。按照当时的物价标准，8元1斤已经

算是上等的好茶了。但梁实秋看也不看一眼，就对老板说，这茶太差了，他要买更好的茶。于是，老板拿出了12元1斤的茶，梁实秋仍嫌不够好。

这时，茶叶店的老板有点不高兴了，就对梁实秋说："先生，买东西要先看一下货色的好坏，而不能像你这样货物的好坏看也不看，而专门以价钱的高低来判断品质的高下。如果这样，我完全可以把货物的价格报高，那岂不是在欺骗买主吗？先生，你为何没有想到这点呢？"

茶叶店老板的这番话犹如当头棒喝，让梁实秋顿然醒悟。从此以后，梁实秋买茶只看茶的品质好坏，喝茶只问茶好不好喝，而不再以茶的价钱论高下了。

知识链接：

梁实秋：中国著名散文家、学者、文学批评家、翻译家。一生给中国文坛留下了两千多万字的著作，其散文集创造了中国现代散文著作出版的最高纪录。代表作《雅舍小品》、《英国文学史》、《莎士比亚全集》等。

饮茶的王后

　　英国茶文化，一开始就和皇室挂上了钩。1662 年，葡萄牙公主凯瑟琳远嫁当时的英国国王查理二世，她的陪嫁中就有 200 多磅红茶和精美的中国茶具。

　　据说，在查理二世与凯瑟琳的婚礼上，不断有王公贵族举杯向美丽的王后祝贺，王后每次都微笑着举起她那盛满红色汁液的高脚杯与人碰杯。凯瑟琳王后那神秘莫测的举动，引起了参加婚礼的法国王后的极大好奇，便伺机靠近凯瑟琳，也想尝一下这"琼浆玉液"。机敏的凯瑟琳王后早有察觉，未等对方开口便举杯一饮而尽。法国王后顿生妒意，回宾馆后便令她的侍卫潜入王宫，想要弄个明白。侍卫官经过多方打探，终于弄清楚了。原来，英国王后饮用的红色汁液是中国红茶。尽管这则茶史趣闻是真是假已经无法证实，但不可否认的是，凯瑟琳王后对于英国饮茶风尚的形成起了极大的引导作用。

　　在嫁到英国的很长一段时间，凯瑟琳王后经常在宫中举行茶会，宣传红茶的功能，说自己苗条修长的身姿正是仰赖这种奇妙的饮料所赐。在宫廷中，原本的习惯是，无论男女

从早到晚都喝着英国的淡啤酒、葡萄酒或蒸馏酒，而在爱好茶饮的凯瑟琳影响下，东方的茶渐渐取代了以前的酒精，成为宫廷内的流行饮料。由此，饮茶风尚在英国王室传播开来，不但宫廷中开设气派豪华的茶室，一些王室成员和官宦之家也群起仿效，在家中特辟茶室，以示高雅和时髦。

目前，茶在英国非常普及，英国人每人每年平均消费茶叶达到了3千克左右。茶不但是英国人的主要饮料，而且也在他们的历史文化中扮演了重要角色。

谜底：茶壶

益智茶谜：
谜面：颈长嘴小肚子大，头戴圆帽身披花。（答案在本页内找）

法国大文豪巴尔扎克
爱茶的故事

同学们都听说过巴尔扎克的名字吧，他可是法国鼎鼎有名的小说家，写过《欧也妮·葛朗台》等很多著名的作品。他的一生短暂而充实，对待写作这件事，巴尔扎克是非常严肃甚至苛刻的，他常常连续写作数个小时。这位大文豪不仅在文学上有很高深的造诣，还十分爱喝中国的红茶呢。

一天，巴尔扎克在家里招待朋友。其间，他从书房里表情虔诚地捧出一只雅致的木匣子，然后小心翼翼地从匣子里取出一只绣着汉字的黄绫布包；接着，又一层一层慢慢地打开这布包，从里面取出一点茶叶来。

巴尔扎克神秘兮兮地对客人说，这是中国某地的特产极品茶，一年仅生产数斤，专供大清皇帝享用。此茶的采摘过程非常复杂，必须在

日出前，由一群妙龄少女精心采制，并一路歌舞送到皇帝御前。大清皇帝没有独自饮用，就赠送了几两给俄国的沙皇。一路上为了防止强盗劫掠，皇帝还派了很多侍卫武装护送，好不容易才送到了沙皇的手上。沙皇又分赐给他的诸位大臣及外国使节。巴尔扎克是通过驻俄使节几经辗转才搞到了这么一丁点儿。由此说明此茶之名贵。

看到宾客们听得目瞪口呆，巴尔扎克还不肯罢休，又继续添油加醋地说："此茶具有神奇的功效，千万不可放怀畅饮，谁要是连喝三杯必盲一目，连喝六杯则双目失明。"宾客们虽然将信将疑，却谁也不敢多喝一口。

虽然这则故事听上去有些神乎其神，但也从侧面反映了在19世纪的欧洲，中国的茶叶还是非常名贵的，它仅为上层贵族所享用。

知识链接：

　　巴尔扎克：法国小说家，他擅长塑造为贪婪、仇恨、野心等强烈情感所控制的人物。代表作《欧也妮·葛朗台》、《高老头》等，被称为现代法国小说之父。

陆羽煎茶的传说

被尊称为茶圣的陆羽，不仅撰写了世界上第一部茶书——《茶经》，他煎茶的技艺也极为高超。

传说唐朝的代宗皇帝李豫非常喜欢饮茶，宫中设有煎茶好手专门为他煮茶。一次，陆羽的师傅积公和尚被召到宫中，宫中的煎茶能手用上等茶叶精心煎出一碗好茶请他品尝。但积公只饮了一口便再也不尝第二口了。皇帝问他："为何不饮？"积公说："我所饮之茶，都是弟子陆羽为我煎的。自从陆羽离开寺院出游江湖后，旁人煎的就觉不入味了。"皇帝听后马上派人四处寻找陆羽，终于在吴兴县苕溪的杼山上找到了他，并把他召到宫中。

代宗见陆羽其貌不扬，说话还有点结巴，开始还有点看不起他。但是通过和陆羽的交谈，发现他学识渊博，见多识广，特别是对茶叶有着很深刻的了解，代宗甚感高兴，当即就命陆羽煎茶。陆羽将带来的清明前采制的紫笋茶精心煎制后，献给代宗。茶香扑鼻，茶

味鲜醇，果然与众不同。代宗命他再煎一碗，让宫女送到书房给积公品尝。积公接过茶碗，喝了一口，连声叫好，一饮而尽。放下茶碗，感叹道："此茶若渐儿（陆羽的字）所为也。"于是代宗呼陆羽出来拜见积公。这个故事虽然只是个传说，但由此也可见陆羽精通茶艺之一斑。

知识链接：

　　陆羽：字鸿渐，号竟陵子、桑苎翁、东冈子。唐复州竟陵（今湖北天门）人，一生酷爱茶，精于茶道，著有世界第一部茶叶专著——《茶经》，闻名于世。对中国茶业和世界茶业发展做出了卓越贡献，被尊为"茶圣"、"茶神"。

王安石辨水考东坡

　　王安石与苏东坡都是北宋时期著名的文学家，俩人政见虽然不同却是很好的朋友。王安石晚年患了痰火症，医生说要喝用长江瞿塘中游的水泡的阳羡茶病才会好转。苏东坡是四川人，家住得离长江很近。王安石于是拜托他带一罐瞿塘中游的水回来。

　　不久，苏东坡带着瞿塘水来见王安石。王安石马上让人将水抬进书房，亲自打开封口，又马上命侍童生火烧水。同时，准备了一只白碗，投入了一撮阳羡茶。当锅里的水开始冒出像螃蟹眼睛般大小的水泡时，他连忙舀出一瓢放入白碗中，茶汤的颜色过了好久才显现出来。王安石问苏东坡："这水是从哪里取来的呀？"东坡回答说："是巫峡。"王安石道："那就是中游了。"东坡道："正是。"王安石突然大笑起来："你又来欺骗老夫了呀！

这分明是下游的水，你怎么拿来冒充中游的呢？"

苏东坡听后大吃一惊，只能说出了实话。原来，长江三峡的风景太漂亮了，他因为看得入了迷，当船到了下游时才想起打水的事。但当时水流湍急，再要返回非常困难，就打了一罐下游的水冒充了。东坡不解地问道："长江的水看着都是一样的，老太师您是怎么区分出来的呀？"王安石回答说："读书人要学会仔细观察，长江上游的水急，下游的水缓，中游的水缓急适中。所以，用上游的水泡茶茶味浓，用下游的水泡茶茶味淡，只有用中游水泡茶才浓淡正合适。刚才我看到茶汤半天才显颜色，就知道这茶滋味偏淡，所以就推测这是下游的水了。"东坡听后，满脸惭愧，连忙起身道歉。

知识链接：

　　王安石：字介甫，晚号半山，谥号"文"，世称王文公，自号临川先生。宋代诗人，"唐宋八大家"之一。我国杰出的政治家、文学家、思想家、改革家。王安石变法对北宋后期社会经济产生了很深的影响，是中国十一世纪伟大的改革家。

请坐，上茶

  郑板桥（名郑燮，号板桥），是清代著名的文学家、画家，"扬州八怪"之一，同时也是一位机智聪明、风趣幽默的才子。据说板桥的爱好之一就是喝茶，民间流传着许多他与茶的小故事。

  话说有一天，板桥一时兴起，外出到寺庙游玩。寺里的方丈看他貌不出众，穿戴又极其普通，心里嘀咕着：他肯定是哪里来的穷书生。就稳坐着不动弹，只是懒洋洋地招呼他说："坐。"回头又对小和尚说："茶。"

  板桥见状，微微一笑，若无其事地与他交谈起来。谈话间方丈感觉到眼前这人学识渊

博，谈吐非凡，不像是一般的穷书生，心想如果太怠慢了也不好，于是就起身引他进僧房，一面说："请坐，"一面吩咐小和尚："上茶。"

这时，进来了一位达官贵人，一见板桥也在，便连声招呼。方丈这才知道原来眼前这位就是大名鼎鼎的郑板桥先生，赶忙露出肃然起敬的样子，恭恭敬敬地对板桥说："先生，请上坐！"回过头来急忙吩咐小和尚："快快，上好茶。"

谜底：请坐，奉茶

当时人们都知道郑板桥的书画天下一绝、千金难求。所以临别时，方丈再三恳求板桥为寺院题词留念。板桥欣然答应，只见他略加思索后，大笔一挥，一副对联便跃然纸上。上联是：坐，请坐，请上坐；下联是：茶，上茶，上好茶。横批：客分三等，这正是对刚才方丈待客之道的精辟概括。方丈拿过一看，立刻明白了其中的含义，自知失礼，满面羞愧。

从此，"茶与坐"的对联，成了人们对看人行事的势利小人的辛辣讽刺。

益智茶谜：

谜面：言对青山青又青，二人土上说原因。

三人牵牛牛无角，草木之中有一人。（答案在本页内找）

袁枚喝武夷茶

　　乌龙极品武夷茶，绿茶翘楚龙井茶。两者到底谁更好喝呢？一直以来双方的"粉丝团"经常争得面红耳赤。让我们看看清代美食家袁枚是如何来评论的吧。

　　袁枚是著名诗人同时也是有名的美食家和经验丰富的烹饪专家，对饮食的讲究与挑剔是出了名的，他曾写了一本书名叫《随园食单》，是中国清代一部系统论述烹饪技术和南北菜点的重要著作。其中的"茶酒单"一章中，集中记录了他对各种名茶的感受。

　　袁枚的家乡在杭州，所以他最喜欢家乡的龙井茶，每次品到其他茶，都爱和龙井茶作比较，如他评阳羡茶"深碧色，形如雀舌，又如巨米，味较龙井略浓"。对洞庭君山茶，

他说："色味与龙井相同，叶微宽而绿过之，采掇最少"。

袁枚70岁游览武夷山时，喝到武夷茶后，却对武夷岩茶推崇备至。

武夷山是福建第一名山，山上峰岩交错，怪石嶙峋，武夷岩茶就生长于岩缝之中，因此品质非凡，奇香持久，味浓爽醇，为我国乌龙茶绝品。袁枚原本不喜爱武夷茶，认为它太苦，有点像喝药。此次到武夷山，为他献茶的是武夷山的僧人，他们用胡桃般大小的杯子装茶，用香橼般大小的紫砂壶泡茶，每次斟茶只倒一两左右的茶汤，先闻香气再慢慢品饮，袁枚饮后发现，茶香清芳扑鼻，茶味回甘悠远，一杯复一杯，顿觉人心情平静，身心愉悦。相比较，龙井虽好喝但是味道淡薄，阳羡茶好喝但是少了韵味。

最后，他说：如果把武夷岩茶比作是玉，则龙井茶就像是水晶，两者的风格不同，各有千秋。

知识链接：

袁枚：字子才，号简斋，晚年自号仓山居士、随园主人、随园老人。清代诗人、散文家，钱塘（今浙江杭州）人。乾隆年江宁等县知县，有政绩，40岁即告归。袁枚是乾嘉时期代表诗人之一，与赵翼、蒋士铨合称"乾隆三大家"。

茶酒争胜

　　这是发生在 2000 多年前的一场茶与酒的有趣辩论。辩论的结果却出人意料，让我们穿越时空，一起去听一听吧。

　　话说有一天，茶与酒聚在一起聊天。在聊到谁对人类的功勋大这一问题时它们发生了争执。

　　茶首先站出来说："我是百草之首，万木精华。摘取最珍贵的芽蕊，进贡帝王诸侯，享受一世的荣华富贵。我尊贵的地位还需要夸吗！"酒马上接道："真可笑！从古到今，茶贱酒贵。古时有一杯酒投河，三军告醉的传说。现在，君王饮酒，群臣高呼万岁；群臣饮酒，作战勇敢无畏，要说尊贵的话，你哪比得上我呀！"

　　茶又对酒说："难道你没听说，最近浮梁、歙州等地，商旅茶客云集，他们都捧着重金，渴求名茶，一时间车马把道路都给堵塞了，盛况空前呀！"酒马上说："你难道没听说吗？好的酒比绫罗绸缎更为珍贵，连天上的神仙都好饮玉酒琼浆，中山酒师赵母的酒一喝能醉三年呢。"

　　茶继续说道："茶叶或洁白如玉，或黄似真金。不仅俗人可以饮用，僧人喝了更是可以去除昏沉，提神醒脑。我还经常被拿来供奉在佛祖的面前。而喝酒往往使人打架作恶、家破人亡，带来的多是罪孽。"酒愤愤地说："你才卖三文钱一缸，与富贵不沾边，而我是有钱人、贵族的饮品。你看，酒桌上经常把酒而歌、因酒起舞，从来没有为茶唱歌跳舞的。据说茶吃多了还会腰疼、闹肚子呢。"

茶反驳道："我并不贫贱，现在市场上卖茶的人也都能赚到钱财而致富。喝酒却让人头脑混乱，惹是生非。"酒接着说："古代人了常说'酒是消愁物'、'酒能养贤'。喝酒还有礼节、有乐器伴奏，喝茶就没这个待遇了。"茶不服地说："你没看到现在十四五岁的男孩都不要与你接近，免得喝酒伤身吗？你说喝茶得病，喝酒养贤，但我只听说过有酒黄酒病，不见有茶疯茶癫。以前有阿阇世王因酒杀父害母，刘伶因为酒醉一死三年。喝酒后张眉竖眼，拳脚相向，因而受到杖责的也大有人在。"

正在争得不可开交的时候，旁边的水说话了："是谁准许你们两个各自邀功的呀？人生四大元素，地水火风。茶离开水，只能干吃茶片，砺破喉咙；酒离开水，只能干吃米曲，损害肠胃。我是万物的源泉，五谷的祖宗。我都还不能邀功，你们两个有什么好争论的呢。只有兄弟团结，齐心协力，才能酒店致富、茶坊不穷呀。"茶与酒听后，都羞愧地低下了头，再也不敢邀功了。

知识链接：

　　1900 年，敦煌莫高窟发现了一个密室，内藏数万卷古文书、绢画、金铜法器等宝物，堪称人类考古学的重大发现。可惜当时的中国被列强入侵，几万件价值连城的文书、文物精品大部分流失海外。现存伦敦大英博物馆和巴黎国立图书馆的敦煌遗书《茶酒论》，就是其中著名的一篇。该书作者为唐代乡贡进士王敷，全篇以流畅的笔调、拟人的手法勾勒了茶、酒争胜的寓言故事。

茶马古道

在我国西北部的茫茫戈壁中，有一条因丝绸贸易而形成的文明古道——丝绸之路，其实在我国西南边陲的高山峡谷中，还有一条与之齐名因茶马交换而形成的神秘古道，它就是茶马古道。

说起茶马古道的起源，最早可以追溯到隋唐时期。当时居住在青藏高原上的藏族民众，为了抵御高寒缺氧的恶劣环境，常年以糌粑、奶类、酥油、牛羊肉等高脂肪、高热量的食物为食。燥热的食物与过多的脂肪在人体内淤积，得不到分解，常常会消化不良而得病。而茶叶既能够分解脂肪，又能防止燥热，同时还富含维生素与矿物质，能很好地补充高原缺少蔬菜、水果带来的营养不良，故藏民在长期的生活中，养成了喝酥油茶的生活习惯。

但藏区偏偏不产茶。而在内地，每年军队征战、防御外敌都需要大量的骡马，但总是供不应求，恰好藏区盛产良马。于是，具有互补性的茶和马的交易即"茶马互市"便应运而生。这样，藏区等地出产的骡马、毛皮、药材等和内地出产的茶叶、布匹、盐和日用器皿等，在横断山区的高山深谷间南来北往，流动不息，并随着社会经济的发展而日趋繁荣，形成一条延续至今的"茶马古道"。

运输茶叶的旅途十分辛苦，当时的茶叶除少数靠骡马驮运外，大部分靠人力搬运，称为"背背子"。行程按轻重而定，轻者日行40里（1里=500米），重者日行20~30里。途中暂息，背子不卸肩，用丁字形杵拐支撑背子歇气。杵头为铁制，每杵必放在硬石块上，天长日久，石上留下窝痕，至今犹清晰可见。从康定到拉萨，一路跋山涉水，有时还要攀登陡削的岩壁，两马相逢，进退无路，只得双方协商作价，将瘦弱马匹丢入悬崖之下，而让对方马匹通过。要涉过汹涌咆哮的河流、

巍峨的雪峰。长途运输，风雨侵袭，骡马驮牛，以草为饲，驮队均需自备武装自卫，携带幕帐随行。从隋、唐时期到民国，日复一日，年复一年，历经岁月沧桑近千年。

知识链接：

　　历史上的茶马古道并不只一条，而是一个庞大的交通网络。它是以川藏道、滇藏道与青藏道（甘青道）三条大道为主线，辅以众多的支线、附线等构成的道路系统。地跨川、滇、青、藏，向外延伸至南亚、西亚、中亚和东南亚，远达欧洲。

唐代的贡茶

　　知道什么是贡茶吗？贡茶就是古代各地进贡给皇帝喝的茶，它最早出现在距今3000多年前的周武王时期。据古书记载，当时武王伐纣，巴蜀一带的人们以茶等物品纳贡。到了唐代，由于社会安定，国富民强，饮茶之风普及，贡茶作为一种形式被固定下来，并逐渐制度化，以后历代相传。

　　既然是给皇帝喝的茶，自然要选顶级的好茶。唐代的贡茶主要有两种来源：一是朝廷选择茶叶品质优异的州县定时定量进贡，如常州阳羡茶、睦州鸠坑茶、饶州浮梁茶、雅州蒙顶等20多种茶；二是选择茶树生态环境得天独厚、品质优异、产量集中和交通便捷的地区，由朝廷直接设立贡茶院，派官员督造，专门生产贡茶，如湖州长兴顾渚紫笋贡茶院。

　　这个顾渚紫笋贡茶院，可算是我国历史上第一座国营茶叶加工厂，其规模之宏大让人惊叹。贡茶院有"房屋三千余间，役工三万人，工匠千余人"。每到春光明媚的季节，顾渚山张灯结彩，热闹非凡，太湖里画舫遍布，盛况空前。常州、湖州刺史率领百官先祭金沙泉，然后开山造茶。由于朝廷规定第一批贡茶要赶上清明祭祖大典，因此要求工人们没日没夜地采茶制茶，异常艰辛。在焙茶时，即使将门窗关起来，散发出来的茶香，仍能弥漫整个山间。制作完成的贡茶芽尖呈微紫色，芽形如笋，故而取名顾渚紫笋，此茶微苦而不涩，微甜而不腻，喉底回，齿颊留香。陆羽在《茶经》中写道："紫者上"，"笋者上"，"野者上"，就是对紫笋茶的最高褒奖。最后经过督造官员的严格审查和挑选，以龙袱包茶，银瓶盛水，每年分成五批急速运往长安。

　　唐代的贡茶制作在工艺上精益求精，品种也日新月异，客观上推动了茶叶科学技术的进步。但是贡焙制把私有茶园变为官茶园，茶农们不能因种茶而谋生，定额纳贡，犹如苛捐杂税，加重了茶农的负担，在唐诗中有大量以贡茶为题材的诗歌，如李郢的《茶山贡焙歌》和袁高的《茶山诗》，都表达了对茶农深切的同情。

知识链接：

　　长兴顾渚紫笋贡茶院，位于浙江省湖州市长兴县水口乡顾渚村，是中国历史上第一所皇家茶厂贡茶院，始建于唐大历五年（公元770年），后因火灾被毁。

萧翼赚兰亭图

　　传说唐太宗李世民非常喜欢大书法家王羲之的书法，收集了很多他的作品。但是在众多王氏真迹中，独缺"天下第一行书"——《兰亭序》，太宗为此很郁闷。后来经过多方打探，得知《兰亭序》在永欣寺和尚辩才手中，于是派人到寺中重金相求，可惜都没成功。最后，太宗派出了监察御史萧翼去想办法索取。

　　萧翼向太宗借了两幅王羲之的杂帖，打扮成潦倒书生的样子来到寺中。他每天假装在寺里欣赏壁画，引起了辩才和尚的注意，于是两人攀谈起来，这一聊还聊得十分投机。萧翼的才气让辩才很欣赏，于是就邀他在寺中住宿。

　　一天，两人又在一起聊天，萧翼说："实不相瞒，弟子祖传有几幅王羲之的墨宝。"辩才一听，非常高兴，就说："可否拿来一看呀？"萧翼很爽快地答应了，第二天就拿来请辩才过目。辩才边看边说道："你这几幅字虽是真迹，但是算不上佳作，我有一幅帖，可称得上是杰作。"萧翼忙问："是什么帖呀？""《兰亭序》！"辩才抬高嗓门说道。萧翼故意装作不屑的样子说："你别骗我了，《兰亭序》早就失传了，你那个肯定是假的吧？"

辩才急辩道："我师父临终前交给我的，怎么可能是假的，不信你明天来看吧。"

第二天，萧翼一进门，就看到辩才从房梁上取出的《兰亭序》，仔细看后，心中狂喜，但是仍然不露声色地说："这果然是假的。"辩才一听，就与萧翼争辩开来了，《兰亭序》也就忘记放回房梁上了，与萧翼带来的几幅帖子一起放在了书桌上。

几天后，辩才有事出门了，萧翼乘机来到他的书房前，借口取回自己书帖的同时把《兰亭序》真迹也一起带走了。辩才回来发现后，气得昏了过去，但是书帖已到了皇上手里，他也无可奈何了。

唐代著名画家阎立本根据这个故事创作了千古名画《萧翼赚兰亭图》。此画不仅是书画界的瑰宝，也引起了茶文化界的极大兴趣。原来，在该画的左下角，绘有一幅很小的煮茶场景。正是这一场景真实再现了唐代人们喝茶的样子。画中一老者手持火箸，一边挑火一边仰面注视宾主；少者俯身拿着茶碗，正准备添加茶汤；旁边茶炉里的火正红，茶正香。这也是现存的最早反映唐代饮茶生活的绘画作品。

一个扣人心弦的故事，产生了一幅千古名画，不以茶为主题，却散发着悠悠茶香。

趣味茶联：

上联：来匆匆，去匆匆，饮茶几杯各西东
下联：山好好，水好好，入亭一笑无烦恼

盖碗的由来

　　小朋友见过盖碗吗，用盖碗喝过茶吗？

　　盖碗是一种有趣而实用的茶具。它由一个像小盘子似的托盘、喇叭口状的茶碗和带抓手的茶盖三部分组成，所以它还有一个外号叫"三炮台"。

　　用盖碗喝茶有几个好处：一是有盖，可以保温，凝聚香气，饮茶时还可以用来遮挡漂浮的茶叶，避免把茶叶喝下去；二是喇叭口状的茶碗使冲茶加水非常方便；三是下有托，端茶时就不会烫手，也可防止茶碗里溢出的茶水打湿衣服。

　　关于盖碗的由来还有一个小故事。相传唐代时有个西川节度使，名叫崔宁。他好客，爱交朋友，所以家里经常是宾客盈门。但当时，家里来了客人，一般是用碗状的容器装茶来招待。由于刚煮好的茶水很烫，端茶的丫头经常被烫得左手换右手，茶汤也洒了不少。崔宁的女儿见后，就想用什么办法能不烫手又不让茶水洒出。她用蜡在一个小碟子里固定成一个圈，然后把茶碗放在圈里，碗就稳稳当当，不会左右移动了，然后用手托着碟子给客人上茶，这样既不烫手，茶汤也不会洒出。崔宁见了女儿的发明，非常高兴，马上命工匠依样制作，推荐朋友同僚们使用，后来一传十，十传百，就慢慢在民间流传了开来。从唐代至今，算来盖碗的发明已经有千余年的历史了。

　　如今盖碗不仅可用来泡茶，也具有它特有的茶语。在四川等地的一些茶馆里，如果你把碗盖翻过来放在茶台上，就表示要求续水；如果是把碗盖斜扣在茶碗沿上或斜插在茶碗和碗托之间，表示茶水太烫，过会儿再喝；如果把碗盖斜靠在茶托上，表示座位有人，马上回来；如果把碗盖翻转平放在茶碗之上，则表示要结账了。小朋友如果有机会到这样的茶馆去喝茶，不妨试着也摆摆"盖碗阵"，充当一回"老茶客"。

知识链接：

　　盖碗在茶艺表演和日常品茗中是一种实用的茶具，常见的材质有陶瓷及玻璃。盖碗可以作为饮茶器，如杯子一样，直接装茶水饮用，也可作为泡茶器，像茶壶一样，利用碗盖及时沥出茶汤，使茶、水分离从而控制茶汤浓度。

法门寺的茶具

1981年位于陕西省扶风县法门寺旁的明代宝塔坍塌了。6年后，人们在准备重修宝塔清理塔基时，有了一个惊人的发现。

在宝塔的底部，隐藏着一个唐代的地宫，地宫里存放着唐代皇室供奉给佛祖的数千件珍宝。这些1000多年前的宝物件件精美绝伦，价值连城，看得人目瞪口呆。其中有一套金银茶具，其做工精巧，造型优美，堪称茶具中的国宝。

人们从茶具上的铭文得知，这些茶具制作于唐咸通九年至十二年(868-871)。"文思院造"的字样表明这些茶具都是御用品。同时，在银则、长柄勺、茶罗子上都还刻划有"五哥"两字。"五哥"是唐朝第18位皇帝唐僖宗李儇小时候的爱称，表明此物是僖宗皇帝供奉的。这次出土的茶具，除金银茶具外，还有琉璃茶具和秘色瓷茶具。此外，还有食帛、揩齿布、折皂手巾等，也是茶道用品。

想要认识这些1000多年前的茶具，首先要了解唐代人们的饮茶方式。在唐代，饮茶也称之为"吃茶"。人们将茶叶摘下蒸熟后，进行捣碎，用模具制成茶团或茶饼，烘干保存。在饮茶时，先将茶团或茶饼进行炙烤，然后用茶碾将它碾成细末、过筛，放入锅内煎煮，煮茶时还要加点盐等调味料，再分装到茶碗里饮用。

法门寺地宫所藏的这套茶具包括：碾茶用的鎏金壶门座茶碾子、取茶用的鎏金飞鸿纹银匙、储放茶粉用的鎏金银龟盒、生火煮茶用的壶门高圈足银风炉、饮茶用的素面淡黄色琉璃茶盏和茶托，以及茶笼、茶罗、茶盆、调料盛器等，涵盖了从茶叶的贮存、烘烤、碾磨、罗筛、烹煮到饮用全部过程的所用器具。其中，盛茶饼用的金银丝条笼子，以金丝和银丝编结而成，盖顶有塔状编织装饰，盖面与盖沿有金丝盘成的小珠圈，精妙异常。鎏金银盐台，本是盛盐的平常之物，但这里的盖、台盘、三足设计成了平展的莲叶、莲蓬形状，就像是花枝摇曳、含苞待放的出水芙蓉。

这些金银质系列茶具的出土，是中国 20 世纪及世界考古史上和茶文化考古研究中最重要的发现，揭开了唐代茶文化研究的全新篇章。

知识链接：

法门寺始建于东汉末年桓灵年间，时称阿育王寺。隋朝时改为成实道场。唐朝初年，唐高祖李渊将其改名为法门寺。唐朝是法门寺的全盛时期，先后有8 位皇帝六迎二送供养佛指舍利，每次迎送声势浩大，朝野轰动，等级极高。

宋代的 "雅玩"
——斗茶

　　斗茶又叫 "茗战"，开始于唐代，盛行于宋代，是品评茶叶品质、比试点茶技艺高下的一种技艺。也是古时文人的一种 "雅玩"。一场斗茶比赛的胜败，犹如今天一场球赛的胜败，为许多人所关注。

　　斗茶在宋代盛极一时与宋徽宗赵佶嗜茶如命有关。他不仅对斗茶予以褒扬，并且经常在宫中召集群臣斗茶，还亲自表演给群臣观赏。而一些权贵为博取帝王的欢心，极力参与并鼓励斗茶，并搜寻各种名茶进贡。民间斗茶的风气因此十分兴盛，当时的一些画作，如《斗茶图》、《茗园赌市图》等充分体现了宋代民间斗茶的盛况。

斗茶所用的茶加工非常精细。一般在采来鲜叶后，先要拣选，接下来蒸茶；蒸好后要把茶叶中的水分压榨干，接着将压榨过的茶放入盆内加水研磨成糊状；随后，将研磨好的茶放入模具中，压成各种造型的团片，最后要将茶烘干。

斗茶要比试两方面：一比茶水表面的色泽与均匀程度，茶汤表面以牛奶般的纯白色为最好；二比茶汤与茶碗内壁相接处有没有水痕。汤花在散退后会在茶碗中出现水痕，冲点的茶谁先出现水痕，谁就是失败者。

宋代斗茶极具特色，数百年后才消失。但宋代斗茶对茶叶的品评标准和茶叶的加工制作，对中国、日本乃至世界茶文化的发展都产生了深远的影响。

谜底：茶壶

益智茶谜：

谜面：一只无脚鸡，立着永不啼。

喝水不吃米，客来把头低。（答案在本页内找）

茶墨俱香

宋代大文豪苏东坡也是一位"斗茶"爱好者。

有一次，苏东坡得到了一款上好的白茶，看到白茶茶汤沫饽洁白如雪，持久不散，他决定用这款茶去参加斗茶比赛。苏东坡果然得了斗茶比赛的第一名。他十分地高兴和得意。这时站在他身边的大史学家司马光见了，却有意想为难他一下，挫挫他的锐气，便笑着对东坡说："茶最好的是白色的，墨最好的是黑色的；茶最好的是分量重的，墨最好的是分量轻的；茶最好的是新的，而墨最好的是陈的。东坡兄呀，你怎么能同时喜欢这两种如此不同的东西呢？"

东坡听后，脑子一转便从容地答道："司马兄啊，难道你没发现奇茶妙墨都是香的吗？清香，是两者共同的特点。还有，上品的茶与墨都有坚结实在的品性啊！所以，两者我都喜欢呀！难道你不这样认为吗？"司马光一听觉得十分有道理，便一时无言以对，只好点头称善。这个小故事就是"茶墨俱香"典故的由来。苏东坡"茶墨俱香"这一奇思妙答也从此被后人传为美谈。

其实，在我国自古以来文人士大夫就都喜欢以茶会友，以茶论文，以茶抒怀遣兴，茶与墨（书画）从很早以前就结下了不解之缘。有俗语说，"文人有七宝，琴棋书画诗酒茶"，名列七宝的原因是喝茶可以静心提神等。茶道是一种意境，一种精神修养，写诗、作画、抚琴等艺术创作与品茗相济相伴，是再合适不过了，所以历来许多著名的画家如赵孟𫖯、唐寅、文徵明等人以茶为题材，以茶道为意境，留下不少书画佳作，极大丰富了"茶墨俱香"的内涵。

小朋友做作业感到疲劳时，你也不妨来一杯清茶，肯定会让你神清气爽、精神百倍的。

知识链接：

司马光：字君实，号迂夫，卒赠太师、温国公，谥文正，陕州夏县（今山西夏县）涑水乡人，世称涑水先生，北宋政治家、文学家、史学家。主持编纂了中国历史上第一部编年体通史《资治通鉴》。

沫饽：古人认为茶汤的精华是"沫饽"。沫，指薄的茶汤泡沫；饽，指厚的茶汤泡沫。

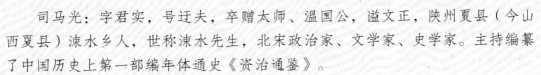

朱元璋禁私茶斩女婿

明朝的开国皇帝朱元璋，小时候家里十分贫穷，受到贪官污吏的欺压，深知农民的疾苦。当上皇帝后，他发誓要严明立法，好好地惩制一下贪官污吏。

当时，生活在我国西北地区的少数民族，日常饮食主要以牛羊肉为主，由于缺少蔬菜和水果，吃肉多了就容易得病，所以每天用喝茶来解油腻，因此需要中原的茶叶。而中原地区为了抵御外敌，也需要西北地区的战马。因此，由朝廷出面组织了茶与马的交易。为了防止交易中出现混乱，交易由朝廷垄断，不准私人贩卖。但一些投机商人和不法官员为了赚钱，偷偷地把茶叶运出境，高价卖给少数民族，又偷运了马匹入境，高价在内地贩卖。

朱元璋发现后非常生气，下令一定要刹住茶叶走私之风，同时宣布对偷运茶叶出境者。要处以极刑。此禁令一出，吓得那些人都不敢继续作案了。但只有他的女婿欧阳伦不以为然，继续走私。

一天，欧阳伦又偷运了50大车茶叶，打算到边境贩卖。他仗着自己是附马爷而一路上畅通无阻，到了兰州黄河大桥的桥头终于碰了"钉子"。原来负责守桥的小

80

官是个忠于职守、不畏强权的人。停车检查时发现车上装的全是禁运的私茶后，小官便将车队扣押，准备上报，等待处理。押车的管家可急眼了，从车上跳了下来，指着小官的鼻子便骂："你好大的胆子！这是驸马爷的车队，你也敢拦，活得不耐烦了吧！"小官并不示弱，只见他挺起胸膛，坚定不移地说："我是执行朝廷的命令。就算是皇上的车队，也要接受检查！"管家受了顶撞，气不打一处来。他回头手一招，便冲出几十个如狼似虎的家丁，对着小官一顿拳打脚踢，然后车队扬长而去。小官忍着伤痛，挣扎着从地上爬起来，回家赶写了一道奏章，托人千里迢迢地告到南京朱元璋那里。

朱元璋收到奏章后十分震怒，但同时又十分为难。如果依法惩办，女婿就得杀头，公主岂不成了寡妇。不依法惩办吧，朝廷的法律就成了一纸空文，以后还有谁来秉公执法呢？经过激烈的思想斗争，朱元璋毅然下令，处死了欧阳伦及其同伙，并对严格执法、不畏强暴的守桥的小官进行了嘉奖。此后，再也没有人敢为非作歹走私茶叶了。

知识链接：

　　朱元璋：字国瑞，原名朱重八，是明朝的开国皇帝。明洪武二十四年（1391年）九月，他下诏废止团茶，改贡叶茶（散茶），不仅减轻了茶农的负担，同时也开创了一个茶饮的新时代。散茶冲泡饮用的习俗一直保持到今天。

供春壶的故事

在国家博物馆里陈列着一把紫砂壶，扁圆的壶身像个漏了气的皮球，表面凹凸不平、皱皱巴巴，全身为土黄色，远远看去就像是树上结的一个大瘤子，很不起眼。但就是这么一把不起眼的壶不仅来历非凡而且价值连城，它就是传说中的"国宝"供春壶，也叫树瘿壶。它的制作者就是明代的制壶高手供春。

供春出身贫寒，很小的时候就"卖身为奴"，做了有钱人家的书童。但他聪明好学又心灵手巧。有段时间，供春陪他的主人住在宜兴的金沙寺中读书。寺里有位老和尚很会做紫砂壶，供春经常去看他做壶，背后还偷偷地学着做。

做壶需要用专门的陶泥，供春没有陶泥，怎么办？后来他发现，每次老和尚做完壶后都在一个水缸里洗手，手上残留的陶泥洗下来后沉积在了缸底，日积月累，积了厚厚的一层。供春就把这些缸底的泥收集起来，终于可以拿来做壶了。但要把壶做成什么形状呢？他发现金沙寺旁的大银杏树上结的树瘿，也就是树瘤的形状非常可爱，就模仿它的样子捏了一把壶，并刻上了树瘿上的花纹。壶烧成之后，果然非常古朴可爱，见了的人都非常喜欢。于是，这把仿照自然形态的紫砂壶一下子出了名，人们给它起名叫供春壶。

由于年代久远，供春壶曾一度下落不明。直到著名的爱国人士储南强先生在苏州的地摊上发现了它。当时，英国博物馆闻讯后，愿出价 2 万元收购，被储先生婉绝。日本人也曾要以 8000 元购买，储先生也没答应。为了保护壶，储先生把它埋入深山，直到抗战胜利后，才把它挖出来无偿捐献给了国家。

知识链接：

　　紫砂壶：长期以来，被茶人们推崇为理想的泡茶器，用它泡茶既不会夺走茶的真香，又无熟汤气，所以能较长时间地保持茶叶的色、香、味。且紫砂壶造型古朴别致，越用越光润晶莹，气韵温雅。紫砂壶中以宜兴紫砂壶最为出名，供春被认为是宜兴紫砂壶的创始人。

皇帝当了回茶博士

　　传说乾隆皇帝微服私访下江南时，有一次，他来到淞江"醉白楼"游玩。玩累了就与随从一起找到附近一家茶馆坐下歇脚。

　　茶馆的伙计动作麻利地端上了空茶碗，然后后退几步，在离桌子几步远的地方站定，拎起一只长嘴铜茶壶就朝碗里冲茶。"嗖"的一声，只见茶水犹如一条白色带子从空而降，不偏不倚、不溅不洒地冲进了碗中。

　　乾隆皇帝看得入了神，忍不住走过去从伙计手里拿过铜茶壶，也站在几步开外，学着伙计的样子向随从们的碗里冲茶。随从们一见皇帝亲自为自己倒茶，这不是反了吗？吓得真想跪下磕头谢恩。但又怕在这三教九流的茶馆暴露了皇帝的身份，会有危险，情急之下，纷纷屈起手指，"笃笃笃"地在桌上叩击起来。

　　事后，乾隆不解地问："你们为什么用手指敲桌子？"随从回答说："万岁爷给奴才倒茶，万不敢当，用手叩击桌子，'叩手'通'叩首'，既可避免皇上的身份暴露，也表达了奴

谜底：乌龙

才们的感谢之情。"乾隆听后觉得随从说得有道理；同时也觉得这个动作很有创意。所以，"以手代叩"的动作一直流传到今天，懂道行的老茶客称这一礼节为"叩手礼"（或"叩指礼"），用来表示对倒茶人的谢意。

了解了"叩手礼"的由来后，我们可以学习一下"叩手礼"正确做法：伸出右手，握拳，大拇指的指尖对食指的第二指节，伸展屈着的食指和中指，用食指和中指的第二节的面，轻轻点击面前茶桌的桌面三下。从侧面看，食指和中指看是不是很像跪着的人的双腿呀？

益智茶谜：
　　谜面：黑面天子。（打一茶叶类别，答案在本页内找）

85

哥德堡号商船与茶叶

中国茶叶博物馆的茶史厅里有一盒小小的茶样格外引人注意。盒中的茶叶早已陈化结块，就像一团梅干菜，而与它身边精美的文物形成鲜明对比。可这样一份不起眼的茶样，却见证了中国茶叶外销的光辉历史，见证了航海史上著名的商船"哥德堡"号的传奇故事。

1745 年 9 月 12 日，天空阳光明媚，是瑞典东印度公司最大的货运商船之一"哥德堡"号第三次远航中国归来的日子。清晨，哥德堡城的码头人声鼎沸，人们手捧鲜花一边焦急地等待与亲人团聚，一边热切地猜测着船上装载的中国珍宝。

终于，海平面上出现了"哥德堡"号的帆影，人群欢呼起来，还有人跳起了舞，唱起了歌。慢慢地，船离港口越来越近了，人们看到了船员们挥舞着手臂，领航员登上了甲板，还有

　　1公里……900米了……就在人们热切期盼的目光中，突然，一声巨响，"哥德堡"号猛烈撞击在近海的一块礁石上，风平浪静的海面即刻掀起巨浪，大船顷刻间沉入了苍茫的大海。所幸的是离岸较近，并无人员伤亡，但整船的货物却被大海吞噬了。人们哀叹、无奈，兴奋的泪花瞬间变成了悲伤的泪水。走过惊涛骇浪都没有翻沉的"哥德堡"号却在风平浪静中沉没了，无疑会成为航海史上的一个不解之谜。

　　整整260多年过去了，但人们对"哥德堡"号的兴趣并没有减退，对于沉船物品的打捞也一直没有停止过。那么"哥德堡"号究竟从中国带回了什么珍宝呢？

　　据统计，船上装载的除了丝绸、藤器、金属及香料外，还有大量的茶叶和瓷器。特别是茶叶，足足有370吨，其数量之大令人震惊。原来在当时，中国茶在欧洲十分受欢迎，饮茶被视为是身份与地位的象征，只有贵族才能享用，价格也十分昂贵。精明的欧洲商人看到了其中的商机，便大量从中国购买茶叶运回国内销售，赚取丰厚的利润。也正是在这一时期，我国茶叶的出口额一度达到了顶峰。由于当时出口的茶叶包裹十分严密，一般用锡罐或锡纸包装，防潮、防霉，不怕海水侵蚀。据说，"哥德堡"号上的茶样从海里打捞出来后，竟然还有香味呢。

趣味茶联：

　　上联：谋食苦，谋衣苦；苦中取乐，拿壶酒来

　　下联：为人忙，为己忙；忙里偷闲，吃杯茶去

鸦片战争与茶

　　说到鸦片战争，每个中国人都会气得牙痒痒。正是这场由英国人发动的侵略战争，迫使中国签订了历史上第一个不平等条约——《南京条约》，开始向外国割地、赔款、丧失主权，沦为半殖民地半封建社会。鸦片战争是中国历史上的重大事件，也拉开了中国近代史的序幕。但是，它的发生竟然和小小的茶叶有关，你知道吗？

　　早在 15 世纪末，东、西航路开通时，西方人就逐渐了解并喜欢上了中国茶，并把它视作珍贵的奢侈饮品，那时，只有贵族与富人才能享用，价格也十分昂贵。精明的欧洲商人从中看到了商机，开始大量从中国运茶叶回国贩卖，赚取差价。特别是英国，它的东印度公司是当时中国茶叶贸易的最大客户，几乎垄断了全世界的茶叶贸易。到了鸦片战争前期，东印度公司进口的中国茶叶占到了其总货值的 90% 以上，1825 年、1833 年竟达到

谜底：茶叶

100%，茶叶成为其唯一的进口商品。所以，从 17 世纪到 19 世纪 60 年代，茶叶一直是中国占第一位的出口商品。

茶叶等商品的大量出口使我国在对外贸易中赚取了大量白银，英国人眼看着自己大把的银子被中国人赚走，十分着急和眼红，他们开始竭力向中国推销他们生产的羊毛、尼龙等工业产品。但是这些商品并不受中国老百姓的欢迎，销路不好。为了改变这种不利的贸易局面，英国人想到了一种卑劣的手段：向中国大量走私鸦片，让中国人吸食后上瘾，并不断消费，这样就可以源源不断地赚回白银。果然，从此中国的白银开始大量外流，国库日渐空虚，更可恶的是烟毒严重摧残了中国人的身心健康，破坏了社会生产力。

直到 1839 年，清政府认识到了鸦片危害的严重性，派出大臣林则徐到广州开展禁烟运动，有了轰轰烈烈的"虎门销烟"。但是英国人借口禁烟行动是侵犯私人财产，以此为由于 1840 年 6 月发动了第一次鸦片战争，也从此拉开了我国近代史的序幕。看来，小小的茶叶在历史大舞台上也扮演了不小的角色。

益智茶谜：

　　谜面：生在山里，死在锅里，
　　　　　藏在罐里，活在杯里。（答案在本页内找）

茶，不能改国籍！

1919年的中国，山河破败，列强入侵。此时，来自浙江上虞的一位年轻人，正在日本农林水产省茶叶试验场发奋学习。怀抱着实业救国、科技兴茶的强烈愿望，他每天衣不解带，目不交睫地钻研日本先进的茶叶栽培、制造技术，收集研究世界各国的茶贸易文化史料。这位年轻人就是吴觉农，原名吴荣堂，因立志要振兴农业，故改名觉农。

茶叶与丝绸一样，原产于中国，我们的祖先早在3000多年前就学会了栽培和利用茶叶，并把它推广到全世界。当吴觉农看到英国人勃莱克在《茶商指南》里说及："茶的原产地，为印度而非中国。"易培逊在《茶》一书里说："中国只有栽培的茶树，不能找到绝对的野生茶树，只印度阿萨姆发现的野生茶树为一切茶树之祖。"以及《日本大辞典》里说"茶的自生地在东印度"等荒谬绝伦的叙述后，一股莫明之火不由得在胸中燃起。他顿足疾呼："一个衰败了的国家，什么都会被人掠夺！而掠夺之甚，无过

于生乎吾国长乎吾地的植物也会被无端地改变国籍！……学术上最黑暗、最痛苦的事，实在莫过于此了！"

吴觉农决心对这种有意歪曲历史事实的言论进行回击。他根据我国古籍中有关茶的记载，引经据典，写了《茶树原产地考》一文，雄辩地论证茶树原产在中国。文中写道："《神农本草经》云，'茶味苦，饮之使人益思、少卧、轻身、明目'，时在公元前2700多年……我国饮茶之古，于此已可概见……印度亚萨野生茶树的发现，第一次在印度还是独立时候的1826年，第二次则为印度被吞并以后。"他用无可辩驳的事实说明，我国茶树的发现和利用要比印度早几千年。他的这篇文章是我国首篇系统驳斥外国某些人有意歪曲茶树原产地的专论，也是一篇声讨殖民主义者进行经济文化掠夺的檄文，引起了中外学者的重视和关注。吴觉农为茶的祖国正了名，为祖国人民争了光。

不仅如此，留学归国后，吴觉农先生创建了我国第一个高等院校的茶业专业和全国性茶叶总公司，又在福建武夷山麓首创了茶叶研究所，主编了《茶经述评》《茶叶全书》等大量茶学著作。

如果说陆羽是"茶神"，那么吴觉农先生被誉为当代"茶圣"应是当之无愧的。

知识链接：

  吴觉农：浙江上虞丰惠人。是我国著名的农学家、茶叶专家和社会活动家，也是我国现代茶叶事业复兴和发展的奠基人。

聪明的一休与茶

　　还记得日本动画片《聪明的一休》中那个机智聪明的主人公一休小和尚吗？其实，在历史上确实有一休小和尚这个人，他的原型就是日本著名的一休宗纯禅师。据说，一休禅师对日本茶道的发展还有着重要的影响呢。这里讲两个一休与茶的小故事。

　　一休的师父有一只非常珍贵的茶杯，也可以说是件稀世珍宝。一天，一休不小心把茶杯打破了，他非常地难过与懊恼。就在这时候，他听到师父走近的脚步声，连忙把茶杯藏在了背后。当师父走到他面前时，一休忽然开口问道："人为什么一定要死呢？"师父答道："这是自然之事，世间的一切有生就有死。"一休听后，慢慢地从身后拿出打破的茶杯说："师父，你的茶杯死期到了！"师父一看，虽然生气心疼，但也无可奈何。

　　还有一个小故事说的是有个人来向一休学禅，滔滔不绝地问了好多问题，一休却一言不发，只是给来客倒茶。茶杯已满，一休却仍不停手，结果茶水溢出了杯子，流得到处都是。客人提醒一休，一休说："你的脑袋便和这个茶杯一样，已被你固有的想法装得满满的，

哪还能装进什么新东西呢？"来客听后，马上意识到了自己的问题，从此以后戒骄戒躁，潜心学习、修行，成为一个有学问有修养的人。

在历史上，一休宗纯禅师是日本茶道的"开山之祖"村田珠光的老师，一休把自己珍藏的圆悟克勤禅师的墨宝传给了珠光，成为日本茶道的至宝。最后借用动画片里大伙都熟悉的结束语：一休哥！嗨，今天的故事就到这里，再见吧！

知识链接：

　　一休宗纯：日本室町时代禅宗临济宗的著名奇僧，也是著名的诗人、书法家和画家。"一休"是他的号，"宗纯"是讳，别号狂云子、瞎驴、梦闺等。
　　一休6岁时，成为京都安国寺长老象外鉴公的侍童，动画片《聪明的一休》所讲述的就是他这一时期的小故事。

茶也有父母

茶叶和我们人一样也有父母亲，你知道吗？

茶的母亲是水。所以人说"水为茶之母"，我国古代的茶人很早以前就把水比作是茶的母亲。他们认为茶因水而生，原本沉睡的干茶，只有遇到了水才开始苏醒，绽放活力。不仅如此，"好茶尚须好水冲"，泡茶水质的好坏，直接影响到茶叶色、香、味的发挥。所以，龙井茶要配虎跑泉水，蒙山顶上茶需用扬子江心水，说的就是这个道理。为了获取泡茶用的好水，我们的古人真是费尽了心思：取"初雪之水"、"朝露之水"、"清风细雨之中的无根水"；还有人取梅花花瓣上的积雪装在罐中，深埋地下用来煮来年的新茶。还有人把泡茶用水当作专门的学问来研究，写成了专著。如张源在《茶录》中说："茶者，水之神；水者，茶之体。非真水莫显其神，非精茶曷窥其体。"可见，只有精茶与真水的融合才是至高的享受，是最美的境界。

茶叶的父亲是谁呢？古话说"器为茶之父"，茶叶的父亲就是泡茶必不可少的茶具。

谜底：太平猴魁

对于中国人而言，茶具不仅仅是一种盛放茶汤的容器，而且是整个品饮艺术过程中不可缺少的一部分。质地精良、造型优美，并富有文化意蕴的茶具，对于衬托茶汤，保持茶香，提高品茗的情趣，都有十分重要的作用。自古以来，有怎样的茶和品饮方法就有怎样的茶具。唐代越窑的青瓷茶碗，有利于衬托唐人所欣赏的汤花；宋代建窑的黑釉盏，反衬斗茶沫饽的洁白；元明散茶流行，便相应出现了有利散茶冲泡的茶壶及衬托茶汤色的白瓷、青花瓷茶具。到了清代，由于冲泡技艺日趋精湛，紫砂壶、盖碗日趋流行。今天，喝绿茶用玻璃杯，喝红茶、花茶用盖碗，喝乌龙、普洱用紫砂壶……丰富多彩、设计精巧的茶具使泡茶、喝茶变得更加科学合理、更加生动有趣。

趣味茶联：

　　谜面：山中无老虎，谁是头儿？（打一茶叶名，答案在本页内找）

神奇的盘肠壶

　　在中国茶叶博物馆的茶具厅里有一把神奇的茶壶，从它的一个口倒入一碗冷水，马上就会从另一口吐出一碗热水。你可能会猜，这是一把高科技的自动电茶壶吧？其实不然，这把神奇的大茶壶早在100多年前的民国时期就有了，名字就叫做盘肠壶，又称大茶炊或龙茶壶。

　　盘肠壶用紫铜锤打焊接而成，样子奇特：圆滚滚的壶肚子、细把手、细弯嘴，头上顶着两个大烟囱，上下还各开了一个圆形的孔。别看它样子怪，在当年的茶馆、茶铺里，可是个重要角色，肩负着日夜为茶客提供热水的重要任务。到了盛夏酷暑时节，在人来人往的桥头、路边、庙宇等地也经常可以看到盘肠壶的身影。一些善心人士会在它的热水出口下方放置一个大缸，缸里有一个口袋，袋内装着茶叶、青蒿梗、砂仁、豆蔻等药材。人们从上方的冷水口加入一瓢冷水，侧方的壶嘴便自动有热水流到缸中。待缸里的茶包慢慢渗出了茶汁，茶水就舀至绿钵头中放凉。汗流浃背、口干舌燥的行人路过此地，坐下来歇歇脚，

出水口

注水口

谜底：藻

用竹节舀起喝上一口凉茶，真是胜过甘露琼浆啊。

说到这里，你猜到盘肠壶自动出水的秘密了吗？它的奥秘，就藏在它的大肚子里。原来，壶的内部分为两部分，一部分贮水，一部分放燃料。中间用圆弧形铜板隔开，使水最大面积的接触燃烧腔，达到快速煮水的效果。燃料（柴片）由壶的上方投入，柴灰可从下面的圆孔倒出。壶上方还有一个加水口，它连着一根细管一直通到壶底。加入冷水时，由于冷水的密度大，热水的密度小，冷水就沉在壶底，烧开的沸水浮在上端。因为壶的容量有限，往装满热水的壶里再添加冷水的话，侧上方的出口必然会溢出相同体积量的热水，这就是盘肠壶自动出水的秘密所在。

用盘肠壶烧水，不仅节约燃料，还节省劳动力，大大提高了人们的劳动效率。更重要的是，盘肠壶不仅闪烁我们祖先智慧的光芒，还闪烁着乐善好施、助人为乐的人性光辉。

益智茶谜：

　　谜面：人到西湖共品茶。（打一字，答案在本页内找）

有趣的茶联回文

    各地茶馆常悬挂与喝茶有关的对联，称为挂茶联。好的茶联构思巧妙、意境深远，不但凸显了茶馆的风格，还增添了品茗的情趣。特别是有一种回文式茶联，不论你顺着读、倒着读，对联的语句意思都很通顺。

    比如北京著名的 "老舍茶馆" 的两副对联就是回文体的。一副是："门前大碗茶，茶碗大前门"，虽然看着是朴实无华的大白话，但是也透着大碗茶浓浓的人情味，一下子拉近了茶馆与百姓的距离。另一副更绝："满座老舍客，客舍老坐满。"上联说的是：各位在座的，来我老舍茶馆喝茶都是老舍先生的客人。下联说的是：茶馆生意兴隆，客舍高朋满座。这副茶联不仅客人看了欢喜，也为茶馆讨得了好彩头。

    还有一副茶联写的是："趣言能适意，茶品可清心。"也可以反过来读，就是："心清可品茶，意适能言趣。"正着读的意思是：有趣的话能让人心情舒适，喝茶可以使心灵清净。反着读的意思则是：心灵清净的时候可以品品茶，心情舒适的时候能说出有趣的话。无论正反都言之有理。

更有胜者，有的茶联，文字可以任意组合，随你怎么念都能成句。比如有的茶壶或茶杯上常刻有四字："清心明日"，这四个字就可任意组合：

清心明目，心明目清，明目清心，自清心明。

所表达的都是茶能使人清心明目的这一功效。

最近提倡全民饮茶的口号："茶好喝，好（hào）喝茶，喝好茶。"也是一副短小的回文茶联，它就用三个字的组合，非常形象地告诉大家：茶是一种好喝的饮品，大家爱好喝茶，要学会辨认饮用品质好的茶叶。让看到听到的人耳目一新，记忆深刻。

趣味茶联：

上联：小天地，大场合，让我一席
下联：论英雄，谈古今，喝它几杯

"茶"字和茶的别名

　　现在让我们就来猜一猜"人在草木中"是个什么字吧？答案就是茶叶的"茶"字，要说这个"茶"字呀，还真是有不少故事呢！

　　在古代中国，表示茶的字很多，一般都是"木"字旁或草字头的。在"茶"字形成之前，槚、荈、蔎、茗、荼等都曾用来表示茶。槚，音"jiǎ"。秦汉间的一部字书《尔雅》的"释木篇"中，有"槚，苦荼"的注释。荈，音"chuǎn"，最早见于西汉司马相如《凡将篇》，中有"荈诧"一词。汉代到南北朝时期"荈"用得较多。蔎，音"shè"。东汉《说文解字》："蔎，香草也，从草设声。"蔎本义是指香草或草香，因茶具香味，故用蔎借指茶。茗，音"míng"，其出现比"槚"、"荈"迟，但比"荼"早，至今"茗"已成为"茶"的别名。它的本义是指草木的嫩芽，后来专指茶的嫩芽。 荼，音"tú"。
在我国第一本诗歌总集《诗经》里，共有7处出现"荼"
字，其中《诗经邶风》中就有"谁谓荼苦，其甘如荠"
的诗句。其实，荼，一字多义，又一字多音。《辞海》
"荼"字条注明3个读音。"荼"在指称茶时，读
音也是"荼"，因为"荼"是"茶"的古体字。此外，
古代也有用瓜芦、皋卢等来指茶。

谜底：茶

我们现在通用的"茶"字到底是从什么时候开
始使用的呢？原来，中唐时期，陆羽撰写《茶经》时，
在当时流传着茶的众多称呼的情况下，采用了《开
元文字音义》的用法，统一改写成"茶"字。从此，
茶字的字形、字音和字义沿用至今，为炎黄子孙所
接受。

茶除了有众多的汉字表示形式以外，还有不少
有趣的别名，其中有一个别名叫"苦口师"。传说
晚唐著名诗人皮日休之子皮光业，自幼聪慧，10岁
能做诗文，颇有家风。有一天，皮光业的表兄弟请
他品赏新柑，并设宴款待。那天，朝廷显贵云集，
筵席殊丰。皮光业一进门，对新鲜甘美的橙子视而
不见，急呼要茶喝。于是，侍者只好捧上一大瓯茶汤，
皮光业手持茶碗，即兴吟到："未见甘心氏，先迎
苦口师"。此后，茶就有了"苦口师"的雅号。

益智茶谜：

　　谜面：生在山中，一色相同，
　　　　　泡在水里，有绿有红。（答案在本页内找）

茶馆小社会

　　1949 年以前的中国茶馆，负载了许多社会功能，是沙龙，也是交易场所；是饭店，也是鸟会；是戏园子，也是法庭；是革命场，也是闲散地；是信息交流中心，也是作家的书房；是小报记者的花边世界，也是包打听和侦探的耳目；是流氓的战场，也是情人的约会处；更是穷人的当铺。茶馆就是一个浓缩的小社会。难怪老舍先生在创作话剧《茶馆》时直接把茶馆比作了"小社会"。

　　我国的茶馆早在唐代的时候就已经出现了，当时京城的很多家店铺，煮茶卖给路人喝，可以看作是茶馆的雏形。宋代称"茶肆"、"茶坊"，明朝始称"茶馆"。在清代，大大小小的茶馆已遍布全国各地，迎来了中国历史上茶馆业最为鼎盛的时期，也形成了绚丽多姿的中国茶馆文化。

　　在众多的茶馆功能中，"吃讲茶"是顶顶奇特的。在旧时的中国，有人家里发生房屋、土地、水利、山林、婚姻等问题纠纷时，往往不上衙门打官司，而由中间人出面讲和，约上双方一起去茶馆当面解决，这便是"吃讲茶"。

吃讲茶的规矩是，先按茶馆里在座人数，不论认识与否，给每位茶客冲上茶一碗，并由双方分别奉茶。按着由双方分别向茶客陈述纠纷的前因后果，表明各自的态度，然后请茶客们评议，茶客相当于现代西方法庭上的陪审团。最后，由坐马头桌（靠近门口的那张桌子）的公道人——一般是辈分较大、办事公道，享有声望的人，根据茶客评议，做出谁是谁非的最终结论。大家表示赞成，就算了事。这时理亏的一方，除了与对方具体了结外，还得当场付清在座所有茶客的茶资。

现在上茶馆"吃讲茶"已经很少见到，但茶馆里悠闲、安逸的氛围还是当代人休闲、放松的理想去处。

知识链接：

茶馆：茶馆的雏形是茶摊，最早出现于晋代。当时有人将茶水作为商品送到集市上进行买卖，属于流动摊贩，不能称为"茶馆"。唐玄宗开元年间，出现了早期茶馆。至宋代，进入了中国茶馆的兴盛时期，张择端的名画《清明上河图》生动地描绘了当时繁盛的市井景象，其中就有很多茶馆。明清之时，品茗之风更盛，茶馆业大兴展，形式多样，功能愈加丰富。

图书在版编目（CIP）数据

画说中国茶：茶史·茶趣／中国茶叶博物馆编著；
母隽楠绘. -- 北京：中国农业出版社, 2015.12
ISBN 978-7-109-19895-1

Ⅰ.①画… Ⅱ.①中… ②母… Ⅲ.①茶叶－文化－
中国－青少年读物 Ⅳ.① TS971-49

中国版本图书馆CIP数据核字(2014)第297203号

封面设计：左小榕
版式设计：左筱榛

中国农业出版社出版
（北京市朝阳区麦子店街18号楼）
（邮政编码　100125）
责任编辑　胡键　赵勤
_____
鸿博昊天科技有限公司印刷　新华书店北京发行所发行
2016年2月第1版　2016年2月北京第1次印刷
_____
开本：889mm×1194mm　1/16　印张：7
字数：215千字
定价：58.00元
（凡本版图书出现印刷、装订错误，请向出版社发行部调换）